この一冊で全部わかる

セキュリティの基本

みやもと くにお
大久保 隆夫 著

SB Creative

本書に関するお問い合わせ

この度は小社書籍をご購入いただき誠にありがとうございます。小社では本書の内容に関するご質問を受け付けております。本書を読み進めていただきます中でご不明な箇所がございましたらお問い合わせください。なお、お問い合わせに関しましては以下のガイドラインを設けております。恐れ入りますが、ご質問の際は最初に下記ガイドラインをご確認ください。

ご質問の前に

小社 Web サイトで「正誤表」をご確認ください。最新の正誤情報を下記の Web ページに掲載しております。

本書サポートページ	http://isbn.sbcr.jp/88800/

上記ページの「正誤情報」のリンクをクリックしてください。なお、正誤情報がない場合、リンクをクリックすることはできません。

ご質問の際の注意点

- ご質問はメール、または郵便など、必ず文書にてお願いいたします。お電話では承っておりません。
- ご質問は本書の記述に関することのみとさせていただいております。従いまして、○○ページの○○行目というように記述箇所をはっきりお書き添えください。記述箇所が明記されていない場合、ご質問を承れないことがございます。
- 小社出版物の著作権は著者に帰属いたします。従いまして、ご質問に関する回答も基本的に著者に確認の上回答いたしております。これに伴い返信は数日ないしそれ以上かかる場合がございます。あらかじめご了承ください。

ご質問送付先

ご質問については下記のいずれかの方法をご利用ください。

Webページより

上記のサポートページ内にある「この商品に関する問い合わせはこちら」をクリックすると、メールフォームが開きます。要綱に従ってご質問をご記入の上、送信ボタンを押してください。

郵 送

郵送の場合は下記までお願いいたします。

〒106-0032
東京都港区六本木 2-4-5
SB クリエイティブ　読者サポート係

はじめに

数あるセキュリティ関連の入門書の中から、本書を手に取っていただき、ありがとうございます。

本書では、これからセキュリティを学びはじめる方や現役のエンジニアの方を対象に、「**そもそもセキュリティとは何であり、どのように考えるものなのか**」といった、基本的な部分から丁寧に解説をはじめていきます。また、攻撃の手口や対処法といった「**技術の仕組み**」も具体的に解説しています。

なお、本書では重要用語を中心に、すべての項目を見開き2ページで掲載しており、また、各項目の解説に独立性を持たせています。そのため、興味のあるところから読みはじめることが可能です。たとえば、セキュリティの考え方から知りたい方や、ある程度技術を理解している方は第1章から読み進めてみてください。セキュリティに関する「**そもそもの考え方**」がよくわかると思います。一方で「考え方はわかるんだけど、技術の仕組みや対応方法がよくわからない」という方は第3章から読み進めてみてください。攻撃の手口や防御方法を効率よく学ぶことができます。

本書を通じて、みなさまが情報セキュリティの基本を習得し、その知見を今後さまざまなシーンでご活用いただけるのであれば、著者としてこれ以上の喜びはありません。

最後に、本書に携わるきっかけをいただいたトップスタジオの武藤様、清水様、そして本書の担当をしてくださった藤田様、SBクリエイティブの岡本様には、私自身の至らぬ部分を巧みにフォローいただき、本書が世に出るまで辛抱強くお付き合いいただいたことに深く感謝いたします。本書の共著者でもある情報セキュリティ大学院大学の大久保教授には、共著を快諾いただき、深く感謝いたします。

そして、類書が多い中、本書を手に取ってくださった皆様に深く感謝いたします。

著者を代表して　みやもと くにお

CONTENTS

Chapter 1 セキュリティの基本

Chapter 2 セキュリティの確保に必要な基礎知識

Chapter 3 攻撃を検知・解析するための仕組み

Chapter 4 セキュリティを脅かす存在と攻撃の手口

Chapter 5 セキュリティを確保する技術

CONTENTS

Chapter 7 セキュリティ関連の法律･規約･取り組み

Chapter 1

セキュリティの基本

昨今「セキュリティ対策」の重要性が盛んに強調されていますが、一体どこから手を付けたらよいのでしょうか。また、「個人情報の流出」がしばしばニュースなどで報道されますが、「個人情報」とはそもそも何なのでしょうか。本章ではこういった基本的なところから１つずつ丁寧に解説をはじめていきます。

01 セキュリティの必要性

セキュリティは必要か

昨今はセキュリティの必要性が声高に叫ばれており、またその対策も急務となっています。しかし、セキュリティの必要性を議論したり、具体的なセキュリティ対策を検討したりするよりも前に、必ず行ってほしいことがあります。

それは「**あなたの組織や業務において最も大切なものは何か**」を考えることです。なぜなら、大切なものによって、守るものが変わってくるからです。たとえば、最も大切なものが「情報の機密性を保つこと」である場合と、「システムを安定稼動すること」である場合とでは、守るものが異なるのです。裏を返せば、大切なもの（守るべきもの）が何であるかを特定せずしてセキュリティを考えることは、**実務的にはありえない**ということです。まずは何が大切かをじっくりと考えてみてください。

セキュリティを考える際の重要な観点～機密性／完全性／可用性～

「何を、どのようにして守るか」を考える際は、「**機密性**」「**完全性**」「**可用性**」の三要素を考えることが非常に有効です。結論を先にいうならば、現在の状態ですでに機密性・完全性・可用性が確保できているのであれば、**これ以上何らかの対策を行う必要はありません**。これは同時に、三要素のうちの１つでも不十分な状態が存在するならば、その状況や要因を明らかにしたうえで、早急に対策を講じることが必要である、ということでもあります。

機密性・完全性・可用性の具体的な内容については次項（p.14）で詳しく解説しますが、まずはあまり難しく考えすぎず、あなたの仕事において「外部の人に見られたくないものは何か」「勝手に書き換えられると困るものは何か」「動かなくなると困るものは何か」などを考え、それらが「外部の人に見られてしまった」「何者かによって勝手に書き換えられてしまった」「大切なシステムが動かなくなってしまった」場合にどれほど困るかを考えてみてください。「何かを守る」とは、言い換えるならば「外に漏れない」「勝手に書き換えられない」「常に使える」を確保することだからです。

イメージでつかもう！

何を守りたい？

あなたの組織では、さまざまな役割を持ったコンピューターが稼動しています。また、さまざまな種類のデータが保存されています。守るべきものは何でしょうか？ それを特定せずにセキュリティについて考えることはできません。

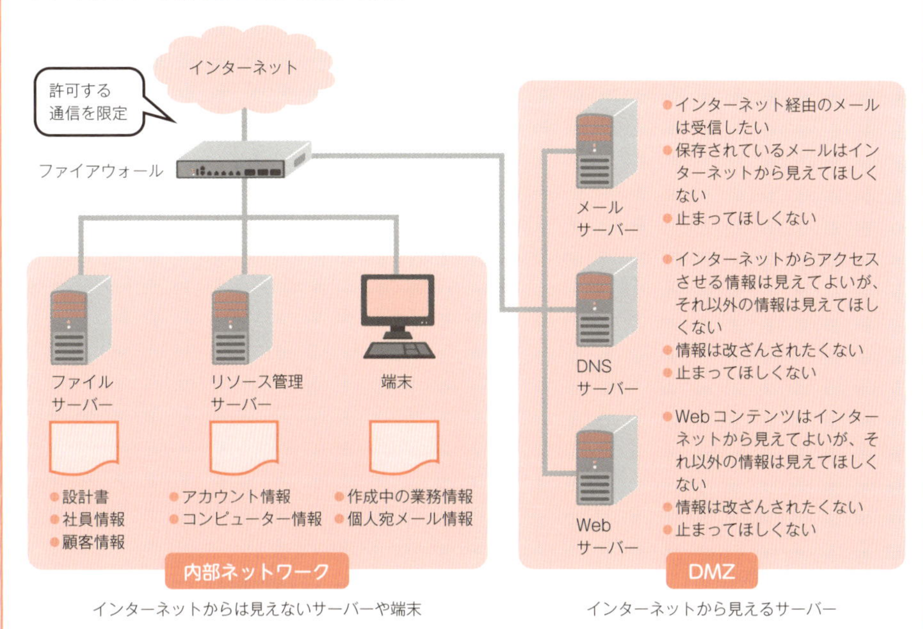

DNSサーバー：インターネット上のコンピューターは192.0.2.0のような数字を使ったアドレスで識別されていますが、これでは不便なのでwww.example.comのようなわかりやすい名前が使えるようになっています。このアドレスと名前の変換を行っているのがDNSサーバーです。なおDNSは「Domain Name System」の略です。

DMZ：企業や団体が管理するネットワークのうち、外部に対して公開することを前提として構成されるネットワークをDMZ（DeMilitarized Zone：非武装地帯）と呼ぶことがあります。ただし、DMZに設置されたサーバー類は、無制限に外部に公開されるわけではなく、ファイアウォールなどの機器を用いて公開する通信制限を行うことが多いです。

どう守りたい？

守りたいものが特定できたら、それぞれをどう守るのかを３つの観点で考えてみましょう。

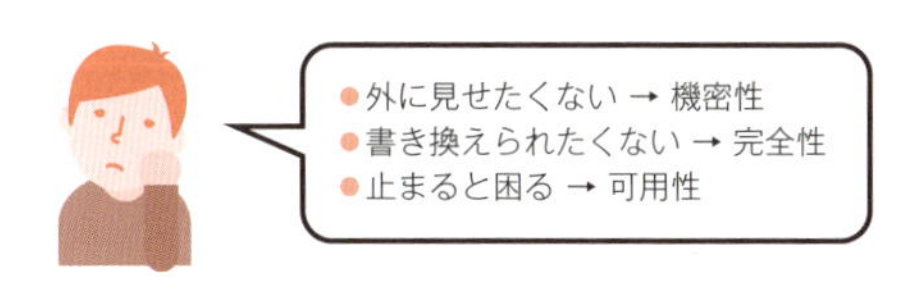

関連用語 機密性 ▶ p.14　完全性 ▶ p.14　可用性 ▶ p.14　ファイアウォール ▶ p.148

02 セキュリティの三要素

セキュリティの三要素とは何か

「セキュリティ」を考えるときに外せないのが、「**機密性（Confidentiality）**」「**完全性（Integrity）**」「**可用性（Availability）**」の３つです。それぞれの英語の頭文字を取って、CIA（シーアイエー）と略されることもあります。

CIA の考え方を知ると、セキュリティ事故の報道や企業のニュースリリースを見た際に、CIA の観点で事故の状況や原因を整理し、理解できるようになりますし、自分の会社でセキュリティ対策をするにあたっても、「CIA をどう確保するか」という観点でセキュリティ対策を検討できるようになります。

機密性が侵害される＝機密情報漏えいの原因

機密性とは、情報セキュリティにおいては「**許可した人のみが情報に触れることができる**」という意味です。

個人情報の流出事故をはじめとする、機密情報の漏えい事故などは、機密性侵害の典型的な例です。

完全性が侵害される＝改ざんの原因

完全性とは、情報セキュリティにおいては「**情報が本来想定した状態から改ざんされておらず、信頼に足る状態である**」という意味です。

Web サイトの改ざん事件などは、完全性侵害の典型的な例です。

可用性が侵害される＝サービス妨害など

可用性とは、情報セキュリティにおいては「**情報にアクセスできる人は、いつでもその情報にアクセスできる**」という意味です。

攻撃対象にアクセスを集中させて過負荷状態に陥らせる「DoS/DDoS」（p.100）をはじめとするサービス妨害攻撃などは、可用性侵害の典型的な例です。

イメージでつかもう！

機密性侵害

アクセスを許可されていない侵入者が、データを閲覧したり、持ち出したりしている状態は、機密性が侵害されている状態といえます。個人情報の流出はその典型例です。

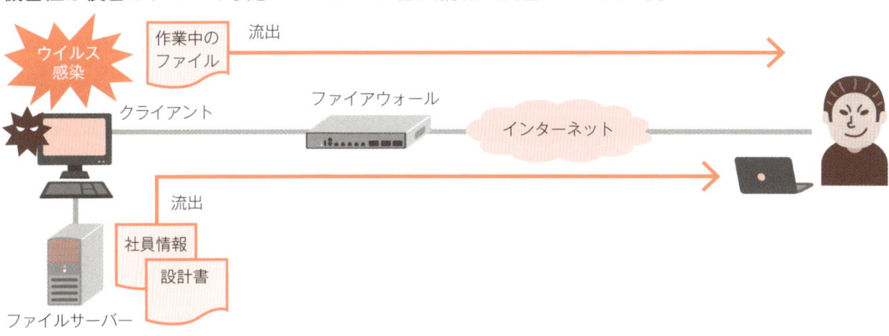

完全性侵害

Webサイトの改ざん事件など、データが本来とは異なる状態に改ざんされている状態は、完全性が侵害されている状態といえます。

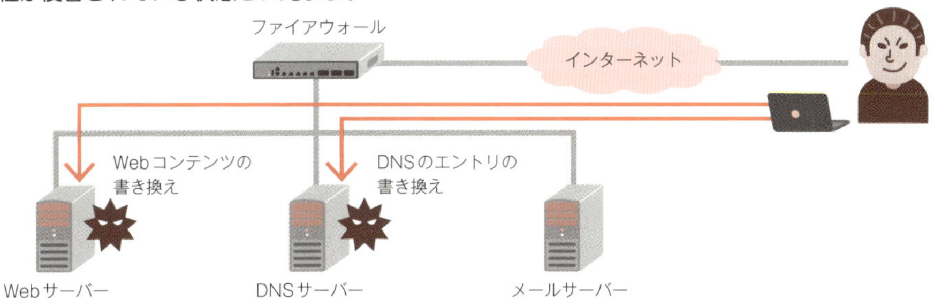

可用性侵害

Webサイトへの意図的な集中アクセスなどによってサービスの提供が妨害されている状態は、可用性が侵害されている状態といえます。

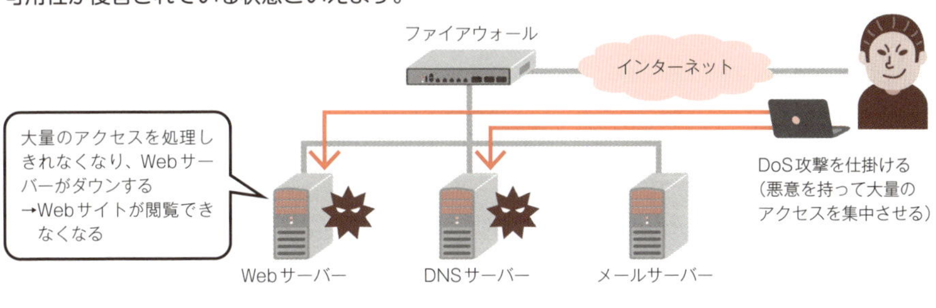

関連用語　セキュリティの必要性 ▶ p.12　セキュリティの追加要素 ▶ p.16　情報漏えい ▶ p.18

03 セキュリティの追加要素

新たに追加されたセキュリティの要素

前項で説明した機密性、完全性、可用性に加え、ISO/IEC 27001:2005 で新たに「**真正性（Authenticity）**」「**責任追及性（Accountability）**」「**否認防止（Non-repudiation）**」「**信頼性（Reliability）**」の 4 つの要素が追加されました。

真正性（Authenticity）

真正性とは、**署名や認証などを用いて、利用者が適正であることや、データが改ざんなどを施されていないこと**を指します。具体的には、真正性は、指紋認証技術（p.44）やハッシュ（p.38）などの暗号技術を用いた仕組みなどによって担保されます。

責任追求性（Accountability）

責任追求性とは、システムに残されている記録（ログ）などの証跡を用いて、**いつ何が起こったのかを適切に追跡／追求できること**と、それらの**ログが改ざんされておらず、システムなどの挙動を追跡するためのものがそろっていること**を指します。具体的には、責任追及性は、各種機器から出力されるログおよび、ログ管理の仕組みによって担保されます。

否認防止（Non-repudiation）

否認防止とは、**発生事象や作成されたデータを、後でなかったことにされないようにすること**を指します。具体的には、タイムスタンプや署名技術の活用などで担保されます。

信頼性（Reliability）

信頼性とは、**情報システムの処理が適切であり、矛盾なく動作できるような構成であること**を指します。具体的には、信頼性は、ハードウェアの冗長化（予備装置の配置）をはじめとしたシステムの安定稼動を担保するための技術によって担保されます。

プラス 1　ISO（International Organization for Standardization：国際標準化機構）および IEC（International Electrotechnical Commission：国際電気標準会議）は国際的な標準化団体です。

イメージでつかもう！

真正性

パスワード、指紋認証などにより利用者が適正であることを確認できます。また、ハッシュの技術（p.38）を使った仕組みによりデータが改ざんされていないことを確認できます。

利用者を正しく認証できること

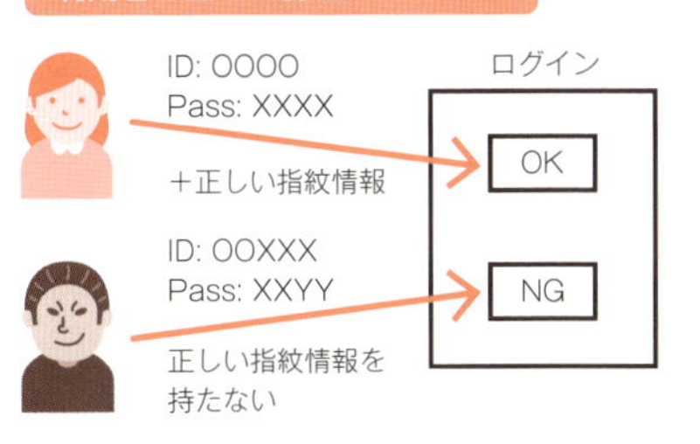

データが改ざんされていないこと

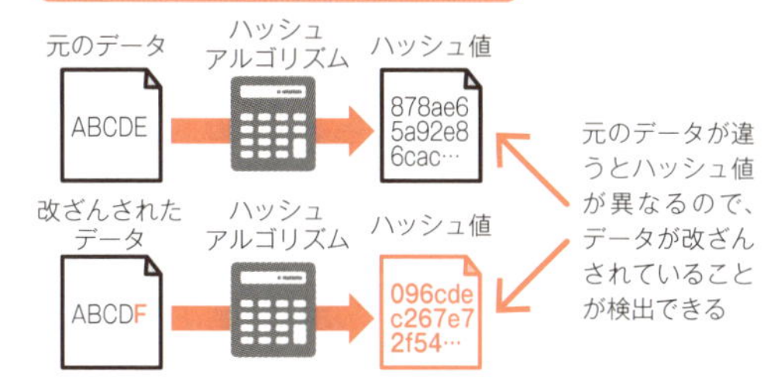

責任追及性

ネットワーク上で稼動しているさまざまな機器は、ユーザーのアクセス情報やデータのやり取りの記録（ログ）を取得し、保管しています。こうしたログなどが責任追及性の確保に役立ちます。

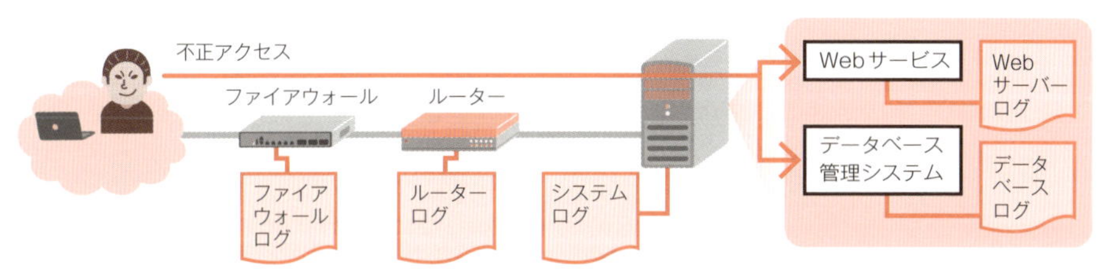

否認防止

「データ＋Aさんの署名」にさらに第三者によるタイムスタンプを付加することで、その時刻にデータが存在したことを示せます。Aさんは「そんなデータはなかった」としらを切る（否認する）ことができなくなります。

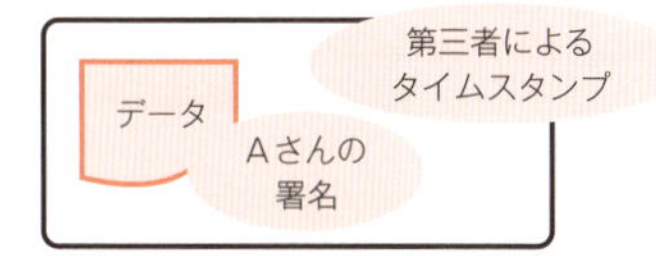

信頼性

たとえば、ハードディスクの RAID5構成は、ハードウェアの冗長化の代表例です。RAID5構成ではデータを複数のハードディスクに分散して保存し、さらにパリティデータ（誤り検出時に利用するデータ）も保存することによって、ハードディスクが１つ故障しても、データが失われるリスクを回避できます。

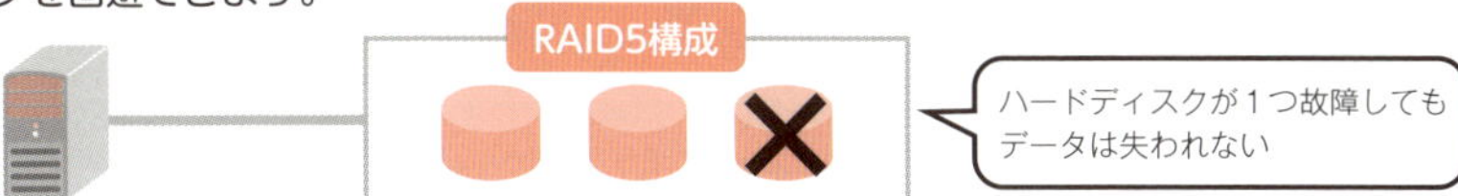

関連用語　ログ ▶ p.68　署名 ▶ p.52　認証 ▶ p.34　ハッシュ ▶ p.38　暗号 ▶ p.36
指紋認証 ▶ p.44

04 情報漏えい、改ざん、サービス妨害

セキュリティの三要素である機密性、完全性、可用性（p.14）が侵害されると、さまざまなセキュリティ上の問題が出てきます。代表的な問題には、**情報漏えい**、**改ざん**、**サービス妨害**があります。

● 情報漏えい～機密であるべき情報が外部に出ること

情報漏えいは、主に**機密性が侵害される**ことで出てくるセキュリティ上の問題です。報道などで大きな問題として取り上げられるものの１つに「個人情報漏えい事故」がありますが、企業内に留め置くべき情報なども、機密性が担保されるべき情報にあたります。機密性を担保する技術には、**暗号技術**や**認証技術**などが挙げられます。

● 改ざん～第三者によって、情報を書き換えられること

改ざんは、主に**完全性が侵害される**ことで出てくるセキュリティ上の問題です。たとえば、本来書き換えられてはならない情報（例：企業情報）を、書き換える資格を持たない何者かに書き換えられてしまう場合などが挙げられます。

改ざんに至る過程はさまざまですが、Web サイトのコンテンツ管理システムの ID とパスワードが推測されてしまうケースや、使用しているソフトウェアの脆弱性を突かれるケースなどが挙げられます。

● サービス妨害～第三者によって、サービス提供が邪魔されること

サービス妨害は、主に**可用性が侵害される**ことで出てくるセキュリティ上の問題です。たとえば、複数の悪意ある端末から一斉に大量のサービス要求が送信されることによってサーバーがダウンするなどして、正当なユーザーに対してサービス提供を行うことができない場合などが挙げられます。

サービス妨害に至る過程は、「**脆弱性を突かれる**」「**設計性能以上の要求を外部から要求される**」などさまざまです。脆弱性は適宜対処することができますが、設計性能を超える要求に起因したサービス妨害に対しては、現時点では決定的な対策手段はありません。

プラス１　本項で挙げた脅威をもたらす者は、外部のみならず内部にも存在する可能性があります。扱う情報によっては、外部に加え内部からの攻撃も考慮した対策を行う必要があります。

イメージでつかもう！

● 情報漏えい

企業などの組織内でのみ使用されるべき情報が組織外から閲覧できる状態に置かれ、実際に閲覧されたり、第三者が情報を窃取した状況を指します。

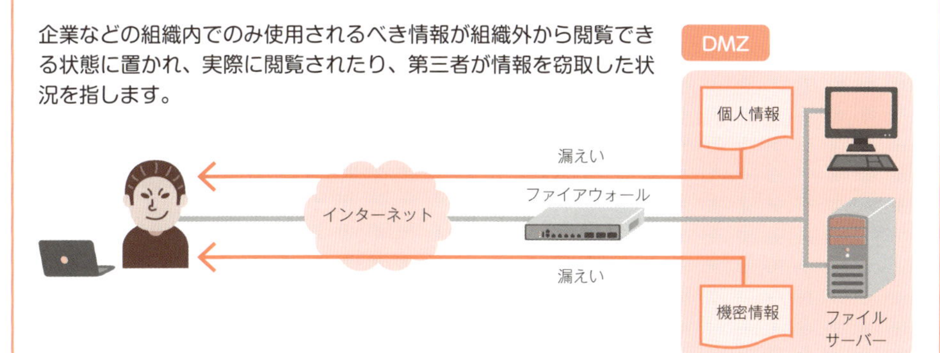

● 改ざん

たとえば Web サイトなどで、管理者のみが更新可能なはずの Web ページを管理者以外の人が勝手に書き換えた状態を指します。

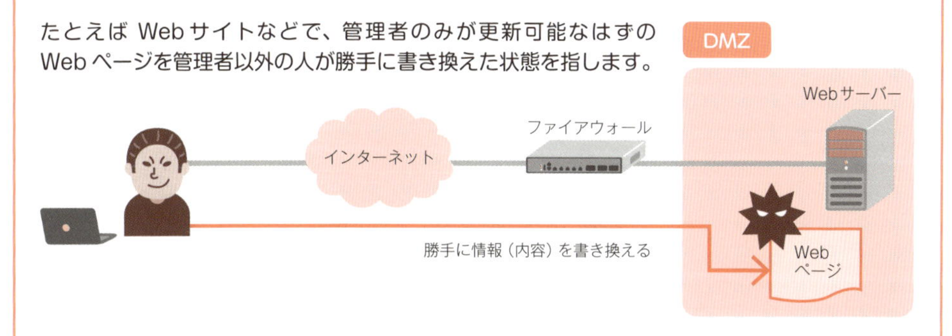

● サービス妨害

たとえば Web サイトに対する大量のサービス要求や、Web サイトを構成するソフトウェアの脆弱性を突いた要求などで、Web サイトを閲覧しづらい（もしくは閲覧できない）状態にする行為です。

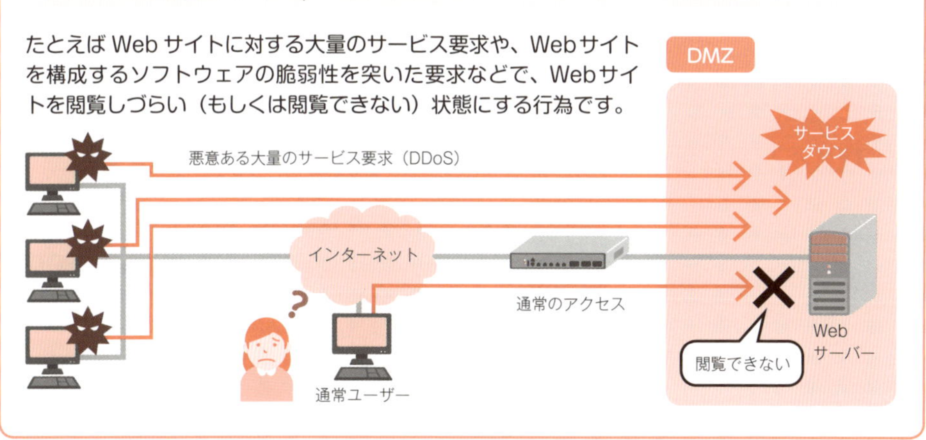

関連用語
DMZ ▶ p.13　セキュリティの三要素 ▶ p.14　暗号 ▶ p.36　脆弱性 ▶ p.92
DDoS ▶ p.100

05 セキュリティを確保するために必要なこと

まずは「守るべきもの」を確定しよう

セキュリティ云々（うんぬん）という話をしたところで、「何を守るか」を理解していないと、セキュリティの確保の方法もおぼつきません。セキュリティを考える際は「**何を守る**」「**何のセキュリティを考える**」ということを確定させる必要があります。

「守るべきもの」を確定したら、次はリスクを確認しよう

守るべきものを確定したら、次は「**守るべきものを取り巻くリスク**」を確認します。**リスク**とは、いわば「守るべきものを狙う敵」です。孫子の兵法に「彼を知らず己を知らざれば戦う毎に殆（あや）うし」という言葉があります。単に「セキュリティ」しか考えず、「何を」「どんな敵から守る」ということを確定しないと、セキュリティを確保するのも危ういと考えてください。

「特定されたリスク」をどうするか考え、対処しよう

「**特定されたリスク**」は、すべて対処できればよいですが、対処が難しいリスクが含まれる場合があります。また、リスクが現実になる確率が著しく低い場合もあります。リスクが現実になったとして、大した損害にならない場合もあります。リスクの性質や現実になる確率、そしてリスクを放っておいた場合の損害などを勘案して、「特定されたリスク」をどうするかを決定しましょう。

リスク対処の後は？…引き続きリスクの確認と対処を

リスク対応した後はそれで終わりでしょうか？…違います。対処した後の状況を整理し、引き続きリスク確認と対処、そして対処した後の状況を整理するというサイクルを継続します。どのくらいの期間でこういう対応を行うかは、守るべきものとリスクの性質によって異なります。現実にどのようなリスクが存在し、またどのような対処方法があるのかについては次項以降で詳しく解説しています。現段階では上記の全体の流れを把握しておいてください。

プラス1　「ウチは守るべきものはないから大丈夫」という言葉を耳にしますが、外部への攻撃の踏み台にされてしまう懸念はあります。せめて外部に迷惑をかけないような対処は行いましょう。

イメージでつかもう！

守るべきものは？

たとえばDNSサーバーの場合は、設定内容（機密性、完全性）の保護や稼動状態（可用性）の確保などが必要になります。Webサーバーではこれらに加え、公開情報（完全性）やWebサーバー上で動作するプログラム（機密性、完全性）の保護などが必要です。

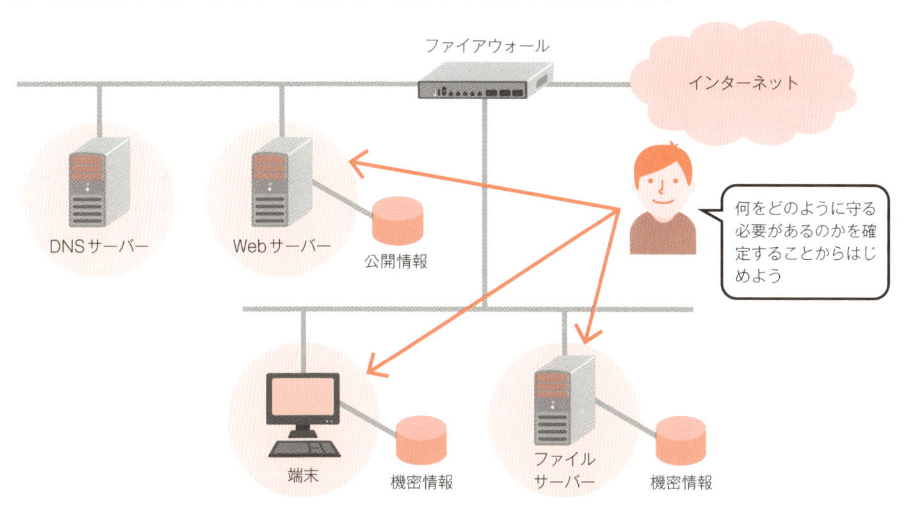

どんなリスクがある？

たとえばWebサーバーの公開情報が改ざんされ、デタラメな企業の財務情報が公開されるといったリスクがあります。またDNSサーバーのデータが不正に書き換えられると、不特定多数の人が不正なコンテンツを参照させられるリスクが生じます。

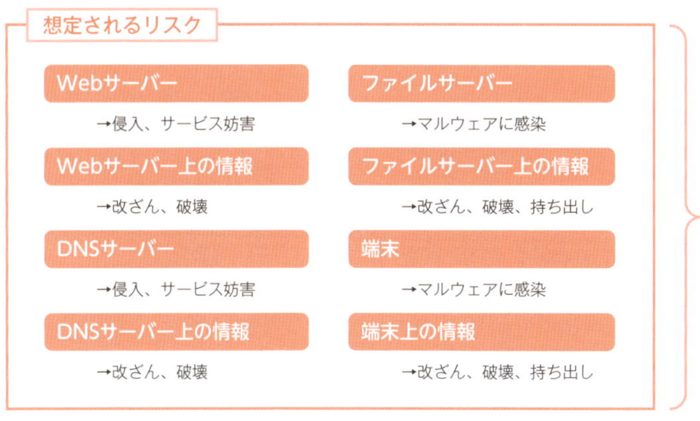

関連用語 セキュリティの必要性 ▶ p.12　マルウェア ▶ p.94　DNSサーバー ▶ p.13　機密性 ▶ p.14　完全性 ▶ p.14　可用性 ▶ p.14

06 セキュリティを確保すべきもの

セキュリティを確保すべき理由

セキュリティを確保すべき理由を少し細分化してみましょう。たとえば、以下のような理由が考えられます。

(1)法律で定められている
(2)契約に盛り込まれているため履行する必要がある
(3)経済的損害やブランド毀損を発生させないため
(4)自身を守るため

たとえば(1)は「個人情報の保護に関する法律」や「マイナンバー法」(p.172)の遵守が理由になりますし、(2)や(3)は「ビジネス上の競争力を確保する」というのが理由になります。(4)は自身の情報や財産を守るというのが理由になります。

具体的にセキュリティが確保されるべきものの例

上記の理由を想定すると、**セキュリティが確保されるべきもの**は以下などです。

(1)個人情報、マイナンバー
(2)会社や団体などの機密情報
(3)会社が運営するシステム
(4)自身が使っている銀行の決済情報やシステムの認証情報

もちろん、上記以外にもセキュリティが確保されるべきものはたくさんあります。

ビジネスや生活への影響を考慮したセキュリティ確保を

「セキュリティが重要」というのはよくいわれますが、「セキュリティを確保することで利便性が著しく低下する」、あるいは「本来やるべきことができなくなる」ような状況に陥っては本末転倒です。**実際のビジネスや生活に悪影響を及ぼさないように考慮することもとても大切です。**

イメージでつかもう！

守るべき対象ごとに守る理由は異なる

個人情報 マイナンバー
- 他者から預かっている情報は、法律上守る必要がある
- 漏えいしたときの調査などで生じる費用を発生させたくない
- 漏えいすることで生じるネガティブイメージを被らないようにしたい
- 自分自身の情報は、自身が不利益を被らないようにする必要がある

営業秘密 機密情報
- ビジネス上や契約上の理由で、守る必要がある
- 漏えいすることで生じるネガティブイメージを被らないようにしたい
- 漏えいしたときの調査などで生じる費用を発生させたくない

Webコンテンツなどの公開情報
- 改ざんされることで発生するネガティブイメージを被らないようにしたい
- 改ざんされたときの調査などで生じる費用を発生させたくない
- Webで公開される「前」の情報を漏えいさせたくない（決算情報など）

ユーザーの認証情報（IDとパスワード）
- ユーザーへのなりすましを防ぎたい
- 漏えいすることで生じる、サービスの不正利用を防ぎたい
- 漏えいすることで生じる、他のサービスの不正利用を防ぎたい

守り方を間違えると大変なことに…

①パスワードは複雑なものにしよう（例：英数字記号を混在させて16文字以上）

②いいパスワードになった。他のサービスでも同じようにパスワードを複雑なものにしよう

③いいパスワードだから、他のサービスでも使い回せるよね！

①②はよいですが､③は問題があります。いずれかのサービスでパスワードが漏えいすると、他のサービスも危険になります。パスワードの管理方法を考えるか、または、パスワード以外の認証方法を使えないか検討したほうがよいでしょう。

関連用語 個人情報の保護に関する法律 ▶ p.172　マイナンバー法 ▶ p.172　改ざん ▶ p.18
漏えい ▶ p.18　パスワード ▶ p.42

07 個人情報

● 個人情報＝個人を「識別する」情報全般

新聞やニュースなどで「個人情報漏えい」という言葉が出てくることがありますが、個人情報とは「**個人を識別できる情報**」です。「個人情報の保護に関する法律」（個人情報保護法）には、「生存する個人」の「当該情報に含まれる氏名、生年月日その他の記述等により特定の個人を識別することができるもの」と書かれています。個人に関連する情報は、たとえば「氏名」や「生年月日」「性別」「住所」などの（ある程度）固有の情報と、行動履歴や購買履歴などの情報の集合が個人情報といえます。**部分的な情報であっても、他に入手可能な情報と突き合わせて「個人を識別できる」ような情報は、個人情報といえます**。個人情報を取得する際には、本人の同意が必要です。

● 要配慮個人情報＝通常の個人情報よりも慎重な扱いが必要

改正された個人情報保護法で「**要配慮個人情報**」として定められている情報があります。この情報は、個人情報の中でも「人種」「信条」「社会的身分」「病歴」「犯罪歴」といったような、**本人に対する不利益が発生しないように取り扱いに特に配慮を要する情報**であり、取得に際しては本人の同意が必要なのはもちろんのこと、**第三者提供は、本人が認識できる形での同意にもとづいてしか認められません**。

● 個人情報でない情報＝個人を識別できないように処理した情報

個人情報は、上記のように「個人を識別できる情報」ですが、そうでなくするためには、「そこから**個人を識別できないように加工**する」必要があります。たとえば、個人の行動履歴を集めて統計処理した結果、出てくる全体傾向などの情報は、個人情報とはいえません。

氏名や年齢など、特定の種類の情報を隠したり、削除したりするだけでは、個人情報と見なされる可能性があるので、加工方法などにも注意する必要があります。

プラス1 改正個人情報保護法（2017年5月30日施行）では、指紋や顔認識データ、パスポート番号や運転免許証番号などの情報を「個人識別符号」として「個人情報」に含めるようになりました。

イメージでつかもう！

個人情報とは

情報そのものから、もしくは他の情報と照合することで個人を特定可能な場合、その情報を個人情報と呼びます。

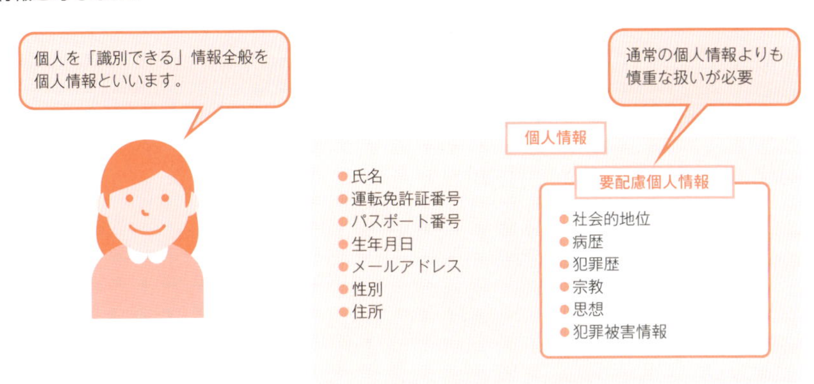

メールアドレスは、メールアドレスそのものから、または他の情報を照合することで個人を特定可能な場合に個人情報となります。運転免許証番号やパスポート番号は、番号単体で個人情報です。

個人情報にはならないもの

情報そのものをどのように扱っても個人を特定できない場合には、その情報は個人情報とはなりません。たとえば、企業の財務情報など、団体や法人そのものの情報や統計情報などが該当します。

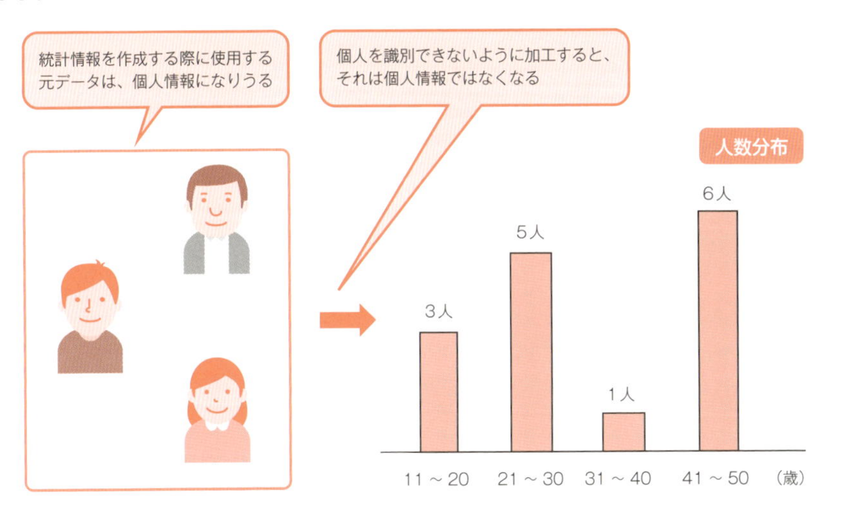

関連用語 個人情報の保護に関する法律 ▶ p.172　漏えい ▶ p.18　指紋認証 ▶ p.44
顔認証 ▶ p.44

08 特定個人情報

特定個人情報は、いわゆる「**マイナンバー**」を含む個人情報であり、普通の個人情報とは扱いがまったく異なります。

● 特定個人情報は、個人情報のバリエーションの１つ

特定個人情報は、**個人情報＋マイナンバー**であることから、まず個人情報として扱われる必要があります。ただし、マイナンバーが含まれることから、**通常の個人情報よりもさらに注意深く扱われる必要があります**。

● 特定個人情報は、用途と取扱者が限定される

特定個人情報を構成する要素のうちマイナンバーの用途は､「**税金**」「**社会保障**」「**災害対策**」の３つに限定されます。そして、取扱者は「**国**」「**地方自治体**」といった公的機関と、税金や社会保険の手続きを行う「**事業主**」に限定されます。

上記以外の用途や取扱者以外は、マイナンバーを扱うことはできません。さらに、マイナンバーの提供を受ける場合には、**個人番号カード（マイナンバーカードなど）で本人確認**を行う必要があります。

● 特定個人情報は、第三者提供はできない

普通の個人情報や要配慮個人情報は、本人の同意を得ることができれば第三者提供を行うことができるのに対し、特定個人情報は当人の同意があったとしても、**第三者提供を行うことは、一部の例外を除いてできません**。

● 特定個人情報の不適切な利用は刑事罰の対象

普通の個人情報は、不適切な利用を行った個人に対する罰則規定はありません。しかし、マイナンバーの場合は、**懲役を含むかなり重い刑罰**が規定されています。

プラス１ マイナンバーカードの詳細は総務省の Web サイトに掲載されています。
マイナンバー制度とマイナンバーカード（http://www.soumu.go.jp/kojinbango_card/01.html）

イメージでつかもう！

特定個人情報とは

特定個人情報の用途は税、社会保障、災害対策の3つに限定されています。

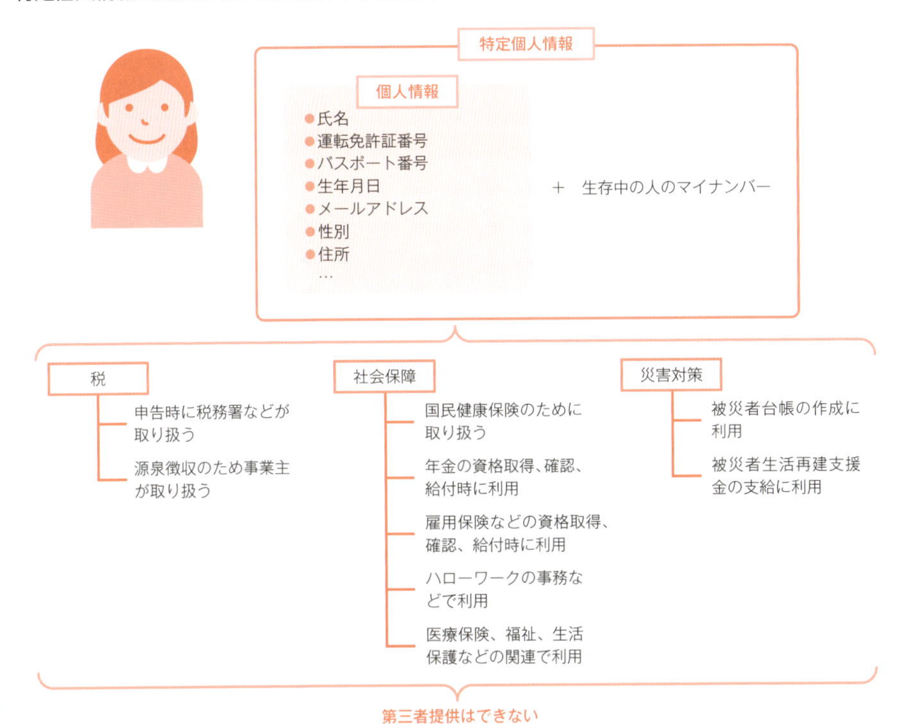

特定個人情報の不適切な利用に対する刑事罰

特定個人情報や個人番号を、指定された分野の業務のために適切に扱わないと、そのようなことをした人および使用者（会社）が罰せられます。

たとえば…

- 通知カードや個人番号カードを不正に交付を受けた場合は、「6ヶ月以下の懲役」または「50万円以下の罰金」（「行政手続における特定の個人を識別するための番号の利用等に関する法律」第五十五条）
- 暴力や不正アクセスをはじめとした不正な手段を用いて、個人番号を取得した場合は、「3年以下の懲役」または「150万円以下の罰金」（「行政手続における特定の個人を識別するための番号の利用等に関する法律」第五十一条）
- 法人などの業務で上記のようなことを行った場合は、行った者以外にも、法人も同じ内容で罰せられる（「行政手続における特定の個人を識別するための番号の利用等に関する法律」第五十六条）
- 特定個人情報を正当な業務で扱う人が、業務以外の目的で特定個人情報を収集した場合には、「2年以下の懲役もしくは100万円以下の罰金」（「行政手続における特定の個人を識別するための番号の利用等に関する法律」第五十二条）

関連用語 個人情報 ▶ p.24　要配慮個人情報 ▶ p.24　マイナンバー ▶ p.172

COLUMN

セキュリティは難しい？

■セキュリティは決して難しいもの「ではありません」

セキュリティという言葉のイメージを他の人に尋ねると、「面倒そう」「難しそう」「よくわからない」というご意見が返ってくることが多いです。実際に面倒だったり、難しかったりもしますが、基本的には決して難しいものではありません。

■難しく見えたり、面倒に見えたりする原因

よくいわれることですが、難しく見えるものは、単純な問題が複数組み合わさってそのように見える、もしくは使われている言葉が難解に見えるところに起因していることが多いです。また、面倒に見えるものは、一見面倒に見えても「そうしなければならない」理由があることが多いです。

■難しく見えるものは、まずバラしてみよう

難しく見える問題は、その問題を構成する個々の要素にバラしてみて、構成する要素１つ１つを考えてみることをお勧めします。要素１つ１つについて調べ、最終的に「組み合わさった問題」にどう取り組むかを考えることで、これまでとは違った見方で問題をとらえることができるはずです。

■面倒に見えるものは、なぜそうなのかを考えることが大事

特にルールや定石などにこういう類のものが出てきます。たとえば「システム変更は、作業内容について事前に○○の承認を得た後に、複数人で相互に変更作業内容および実行結果を確認したうえで、△△による作業実績の最終確認を得ること」というルールがあるとしたら、実際にルールを守って作業を行う側は「面倒！」と思うことでしょう。しかしそのようなルールの多くは、過去に発生した問題を踏まえて設定されています。面倒だと思ったら、「ルールがない場合のリスク」を考えることで、面倒さが多少軽減されるでしょうし、面倒を解消しつつリスクを回避する方法を考える起点にもなります。

Chapter

2

セキュリティの確保に必要な基礎知識

セキュリティを確保するためには、まず基本的な方針である「セキュリティポリシー」を定め、その方針から具体的な基準や手順に落とし込んでいきます。セキュリティ確保の仕組みは、技術的なものから組織的な取り組みまで多岐にわたります。

01 セキュリティポリシー

セキュリティポリシーとは

セキュリティポリシーとは、**セキュリティに関する基本的な方針**です。何かの手順を定めるには「**基準**」が必要であり、基準を決めるためには「**方針**」が必要です。この方針にあたるのがセキュリティポリシーです。つまり、セキュリティに関する具体的な対応策や手順などを検討するには、事前にセキュリティポリシーを決めておくことが必要ということです。

セキュリティポリシーを決めるためには以下の2点が必要です。

- 組織の目的や目標を明確にすること
- 経営層の関与・承認

前項でも解説しましたが、セキュリティ対策を行うには、みなさんの会社や組織にとって大切な「守るべきもの」を明確にすることが必要です（p.12）。そのためには**会社や組織の目的や目標を明確にすること**が必要です。またそれと同時に、定めたセキュリティポリシーを実効的なものにするには**経営層の関与・承認が必須**です。どれほど素晴らしいセキュリティポリシーを定めたとしても、経営層が協力してくれなければ何も実施できません。

スタンダードとプロシージャ

セキュリティポリシーはとても大切ですが、それだけでは現場での運用は行えません。実際にはセキュリティポリシーに加えて、「**スタンダード（基準）**」と「**プロシージャ（手順）**」が必要になります。それぞれを制定する順序としては、①セキュリティポリシー、②スタンダード、③プロシージャとなります。なお、セキュリティポリシーとスタンダードを合わせて「セキュリティポリシー」と呼ぶこともあります。

プラス1　セキュリティポリシーやスタンダード、プロシージャなどは定期的に見直しを行うことで実効性を担保することが重要です。特にプロシージャは頻繁に見直しを行うことが大切です。

イメージでつかもう！

● セキュリティポリシーを決めるために必要なもの

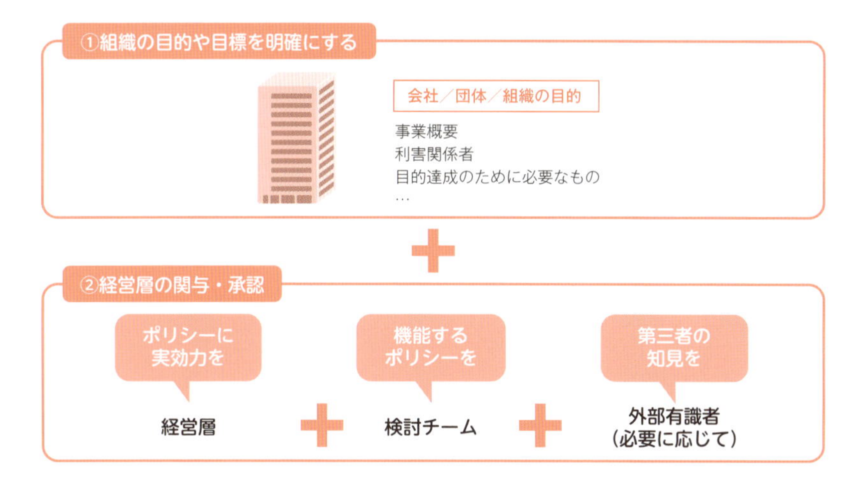

● スタンダードとプロシージャ

作成と改訂 ポリシーをもとに、スタンダード、プロシージャの順に作成し、定期的に改訂します。スタンダードではISMS（p.178）の提示項目を使うことが多いです。

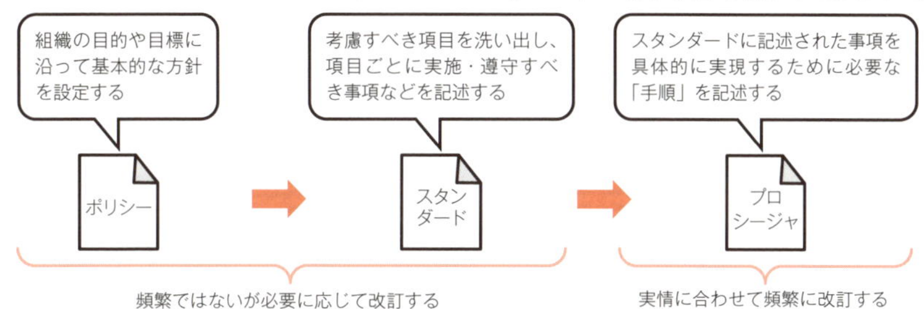

運用例 たとえば、顧客情報と機密情報の適切な取り扱いを実現させたい場合には、以下のような運用が考えられます。

項目	記述内容
ポリシー	事業のために顧客情報および機密情報を適切に扱う
スタンダード	●機密情報を扱うユーザーを最小限にする ●ユーザー認証には原則IDとパスワードを使用する ●システムによっては二要素認証も検討する ●機密情報へのアクセスをシステムで適切に制限する
プロシージャ	●採用するシステムプラットフォームの選定手順 ●システムごとのユーザー管理手順 ●システムごとのアクセス制限の実施手順

関連用語　ISMS ▶ p.178　パスワード ▶ p.42　認証 ▶ p.34　二要素認証 ▶ p.48

02 セキュリティ事故対応の4つのフェーズ

世の中にはさまざまなセキュリティ事故（**インシデント**）がありますが、事故対応には大きく4つのフェーズがあります。事故の「**検知**」、発生した事故の「**初動対応**」、事故からの「**復旧**」、そして「**事後対応**」がそれにあたります。

検知

インシデント対応のすべては、検知からはじまります。検知とは、「**実際に攻撃による被害が発生していることを、いろいろな手がかりから検出し、知る**」ことです。検知は自前で行えることもあれば、外部からの報告や情報提供をきっかけにして行えることもあります。

なお、インシデントが発生しないようにすることを「**抑止**」「**予防**」などといいますが、**インシデントの発生を完全に防ぐことは不可能**です。そのため、セキュリティ対策においては、インシデント発生を抑止・予防しながらも、万が一発生した場合は、**発生から検知までの時間をできるだけ短縮して、迅速に初動対応を行うこと**がセキュリティ対策の焦点になります。

初動対応

インシデントの発生を検知したら、その内容に応じた初動対応を行う必要があります。初動対応の内容はさまざまですが、**原因をできるだけ正確に特定し、被害を最小限に抑えるには、正確かつ迅速な初動対応が必要**です。

復旧と事後対応

初動対応が完了した後は、システムを「**インシデントが発生する前の状態**」に戻す必要があります。この際は、インシデントの再発防止策も併せて実施する必要があります。そして最後に、発生したインシデントの対応記録の作成も含めた「事後処理」を行う必要があります。

プラス1 本項ではインシデント発生後の対応の流れを説明しましたが、実際には「CSIRT（シーサート）」（セキュリティインシデントに対応する組織:p.70）の設置など、事前にできることもあります。併せて確認しておいてください。

イメージでつかもう！

セキュリティ事故対応の流れ

セキュリティ事故対応は「検知」「初動対応」「復旧」「事後対応」の4つのフェーズで実施します。

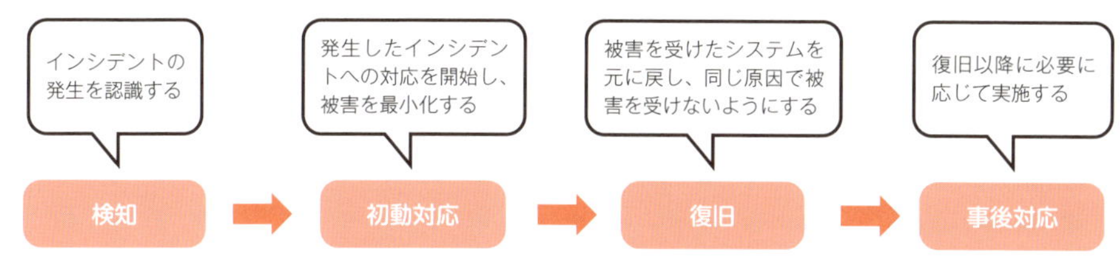

セキュリティ事故対応の各フェーズで行う作業

セキュリティ事故対応の各フェーズでは以下のような作業を実施します。

フェーズ	実施内容
検知	大まかには以下のようなトリガーで開始する ● 自組織で設置している IDS（p.154）や SIEM（p.84）の通知を受けて調査 ● SOC（p.64）からの通知を受けて調査 ● 外部組織からの通知を受けて調査
初動対応	発生している事象に応じて必要な対処を決定する ● 対処に必要な体制の確立 ● 現状把握と被害の最小化 ・発生したインシデントの現状を把握する ・インシデントが発生した機器を特定する ・インシデントにより引き起こされた事象を特定する ・インシデントが発生した機器を隔離する ・他の機器への被害拡大がないか確認する ● 原因や攻撃経路の特定および対処 ・被害を受けた機器を調査し、被害に至ったシナリオを特定する ・被害が発生するシナリオを成立させなくするような対処を行う
復旧	● 被害を受けた機器の再構築／修復 ● 原因となった事項を見直し、再度同じ事象が起こらないような対処を行う
事後対応	● 最終報告書の作成 ● 他に被害を受ける可能性があるシステムの有無を確認し、同様なインシデントを防止するための対処を行う ● 必要に応じてシステム構成などの再構成を行う

インシデント対応時の留意事項など

- インシデントが発生しないのが一番ですが、完全に発生しないようにするのは難しいため、検知を確実に行えるようにする必要があります。
- インシデントの発生から検知までの時間が短いほど、被害を小さくできる傾向があります。
- インシデントへの対応は、チームで対応することが多いです。インシデント発生時のチーム構成や役割などは事前に決めておき、有事に備えるとよいでしょう（CSIRT（p.70）の構築と運用も有効）。

関連用語　IDS ▶ p.154　SIEM ▶ p.84　SOC ▶ p.64　CSIRT ▶ p.70

03 認証と認可

●「認証」と「認可」～似て非なる2つの考え方

セキュリティ関連の話題に触れていると、「**認証**」と「**認可**」の2つの言葉をよく耳にします。これらの言葉は語感が似ていることもあって、混同されがちですが、その内容は大きく異なります。まさしく「似て非なるもの」です。それぞれの違いをここでしっかりと理解しておいてください。

●「認証」は、あなたが誰かを確定させること

まず「**認証**」ですが、これは「**あなたが誰なのかをシステムが識別すること**」だと考えてください。たとえば、オンラインサービスでよく用いられる「パスワード認証」では、あなたを表す「ID」と呼ばれる記号と、あなた以外は知らない「パスワード」(p.42) をサービス利用時に入力させることで、あなたがその「ID」の持ち主であることを、サービスを提供するシステムは識別しているのです。

●「認可」は、あなたがやっていいことをチェックすること

「認証」の次は「認可」です。「認可」は、「認証」によって識別されたあなたが「**何をやってよいか**」をチェックすることだと考えてください。

たとえば、ショッピングサイト利用時に、あなたがショッピングサイト上で追加サービスを利用するときは、通常は追加サービス利用の手続きを行います。システムは認証された利用者が手続きを完了しているか否かを確認し、追加サービスを利用させるかどうかを判断しますが、「確認→判断」の部分が、「認可」の例になります。

●「認証」された誰かの行動を「認可」するのが基本

「認証」と「認可」は似て非なるもの、と書きましたが、セットで使われることも多いです。たとえば、利用者を「認証」した後に、やっていいことを「認可」するという意味で、一連の処理として扱われることも多いので、セットで理解しておくのがよいでしょう。

プラス1　認証方法には上記で紹介した「パスワード認証」以外にも、現在では指紋認証や顔認証、静脈認証といった、身体の一部を利用した「バイオメトリック認証」(p.44) や「二要素認証」(p.48) もあります。

イメージでつかもう！

認証

認証とは、利用者が誰であるかをシステムが識別することです。

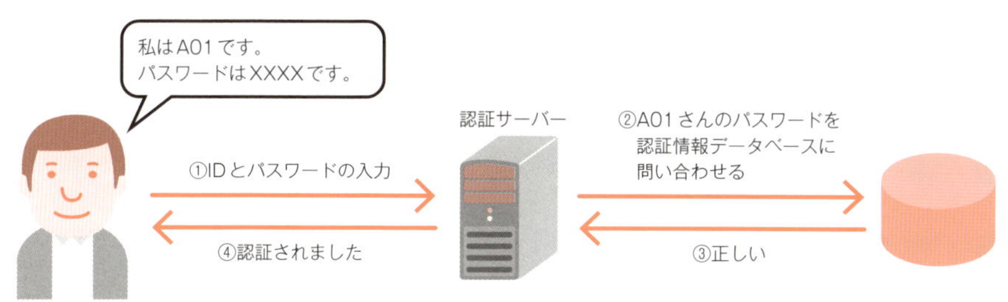

認可

認可とは、利用者が許可されている処理やサービスの内容を確認することです。

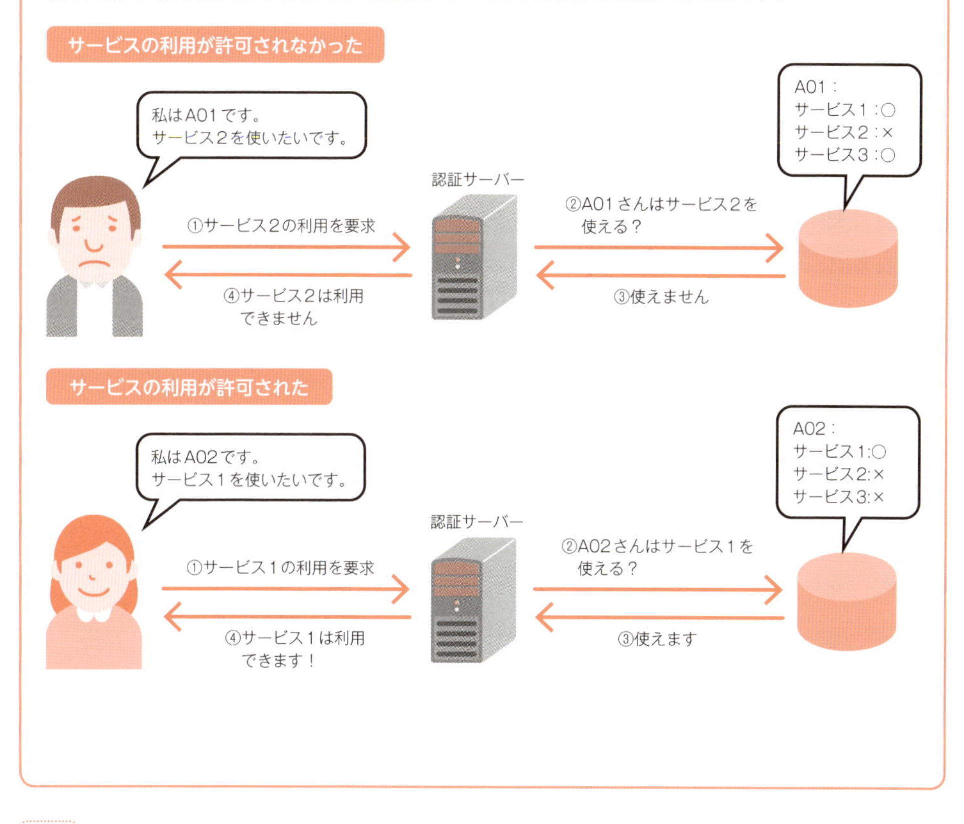

関連用語
パスワード認証 ▶ p.42　ハッシュ ▶ p.38　ワンタイムパスワード ▶ p.46
証明書と認証局 ▶ p.54　バイオメトリック認証 ▶ p.44　二要素認証 ▶ p.48

04 暗号

暗号とは

暗号とは、**あるデータを部外者からは容易に読めないようにする手段**の１つです。安全な暗号を用いると、部外者からはデータを守りながら（読めない状態を維持しながら）、読むことが許可された者のみにデータを提供することができます。

なお、平文（ひらぶん）（誰でも読むことのできる状態の情報）を、部外者のみ読めない状態にすることを「**暗号化**」といいます。また、暗号化されたデータを元の誰でも読めるデータに戻すことを「**復号**」といいます。

暗号化を行うには「**暗号アルゴリズム**」と「**鍵**」が必要です。暗号アルゴリズムとは「暗号の仕組み」のことです。暗号アルゴリズムにはいくつかの種類があるのですが、暗号化する際は、そのうちのいずれかの暗号アルゴリズムを選択し、また関係者同士で共有する「鍵」を用いて、暗号化を行います。

共通鍵暗号と公開鍵暗号

暗号には大別して「**共通鍵暗号**」（p.136）と「**公開鍵暗号**」（p.138）の２種類があります。共通鍵暗号では**データの暗号化と復号で同じ鍵を用います**。一方、公開鍵暗号では、**データを暗号化するときと復号するときで異なる鍵を用います**。詳しくは本書後半で解説するのでここでは「暗号には２つの種類がある」ということを覚えておいてください。

暗号は必ず破られる

どのような暗号も、時間をかけてすべての鍵の組み合わせを試せば必ずいつかは破られます。しかし、現在使用されている暗号のすべての組み合わせを試すには膨大な時間やデータが必要であるため、そう簡単には破られません。たとえば、鍵長128ビットの**AES**（Advanced Encryption Standard：共通鍵暗号）を破るためには数兆ペタバイトのデータ量が必要といわれています。

プラス１　現在では１テラバイト（TB）以上の大容量を持つハードディスクを搭載したパソコンも珍しくなくなりましたが、ペタバイト（PB）はテラバイトの約千倍の容量です。

イメージでつかもう！

暗号化

部外者にはデータを読めないようにする手段の1つが暗号化です。暗号アルゴリズムと鍵の組み合わせによってデータを暗号化します。

復号

暗号化されたデータを元の読めるデータに戻すことを復号といいます。復号アルゴリズムと鍵の組み合わせによって、暗号化されたデータを復号します。

共通鍵暗号と公開鍵暗号

共通鍵暗号 共通鍵暗号（p.136）では暗号化と復号に同じ鍵を使います。

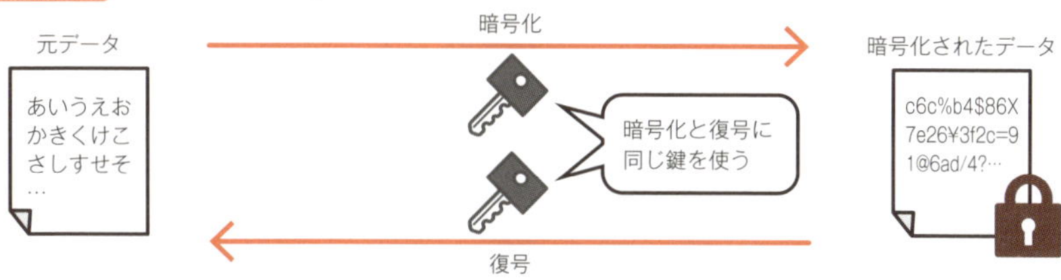

公開鍵暗号 公開鍵暗号（p.138）では暗号化と復号に異なる鍵を使います。

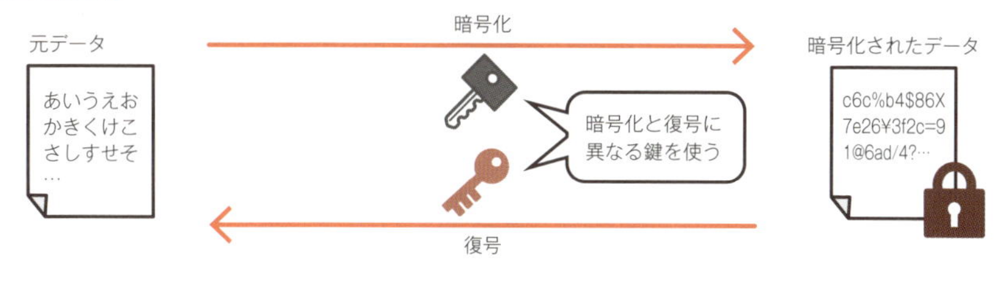

関連用語 共通鍵暗号 ▶ p.136　公開鍵暗号 ▶ p.138　AES ▶ p.140

05 ハッシュ

ハッシュとは

ハッシュとは、**あるデータに対応する値を求めるための手法**の１つです。**同じデータから生成したハッシュ値は常に同じ**で、元のデータが少しでも異なれば生成されるハッシュ値は異なります。

こうした性質は、たとえば配布しているフリーソフトウェアの圧縮ファイルが**改ざんされていないことを示す**ために使えます。圧縮ファイルのハッシュ値を計算して圧縮ファイルとは別のファイルで配布し、圧縮ファイルを入手した人は自分で生成したハッシュ値と配布されたハッシュ値を比較します。両方のハッシュ値が同一であれば圧縮ファイルが改ざんされていないことが確認できます。

ハッシュアルゴリズム

ハッシュアルゴリズムは、**ハッシュ値を計算するための手順**です。ハッシュアルゴリズムが異なれば、データが同一であっても生成されるハッシュ値は異なります。なお、古くから使われているハッシュアルゴリズムのなかには、安全面に問題があるために、すでに使用が推奨されていないものもあります。

ハッシュアルゴリズムの安全性

ハッシュアルゴリズムの安全性は、「**衝突**」と呼ばれる攻撃にどれだけ耐性があるかで決まります。

衝突とは、あるファイル A に対応するハッシュ値 a がある場合に、このハッシュ値 a を持つまったく別のファイル B を作り出すこと、まったく同じハッシュ値を持つファイルの組を作成すること、もしくは指定されたハッシュ値を持つファイルを作り出すことです。この衝突を故意に引き起こせるかどうかがハッシュアルゴリズムの安全性を決めるといっても過言ではありません。

実際、たとえば MD4 や MD5 など、攻撃方法が研究・確立され、安全性が低下したハッシュアルゴリズムは、現在はほぼ使われなくなっています。

プラス１ 理論上の衝突攻撃可能性を指摘されていた SHA-1 についても、最近、Google によって衝突攻撃成功が発表されました。したがって、SHA-1 も使用するのが危険な状態になりつつあります。

イメージでつかもう！

ハッシュの性質

・同じデータからは常に同じハッシュ値が生成される
・同じデータでも、異なるアルゴリズムを使用すると、ハッシュ値は別の値になる
・異なるデータからは同じハッシュ値は生成されない

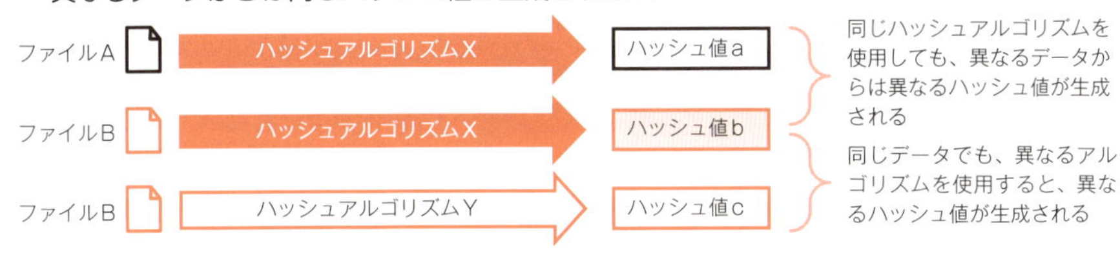

ハッシュの利用例

異なるデータから同じハッシュ値は生成されないので、ハッシュ値を用いることでデータが改ざんされていないことを確認できます。

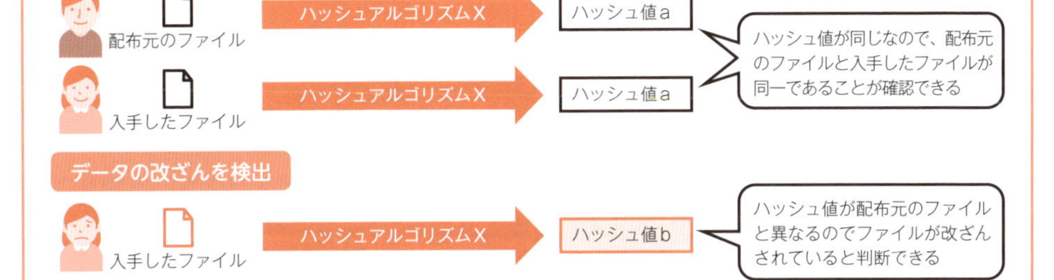

衝突

ハッシュの衝突を故意に発生させることができてしまうと、ハッシュアルゴリズムの安全性が損なわれます。

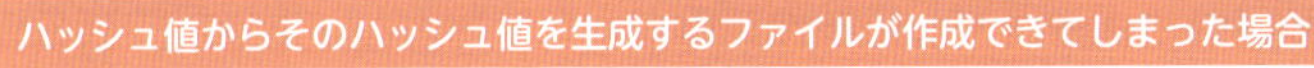

ファイルA → ハッシュ値a ⇒ 衝突：ファイルA → ハッシュ値a ← ファイルB
ファイルAとハッシュ値aからファイルBを生成できてしまう

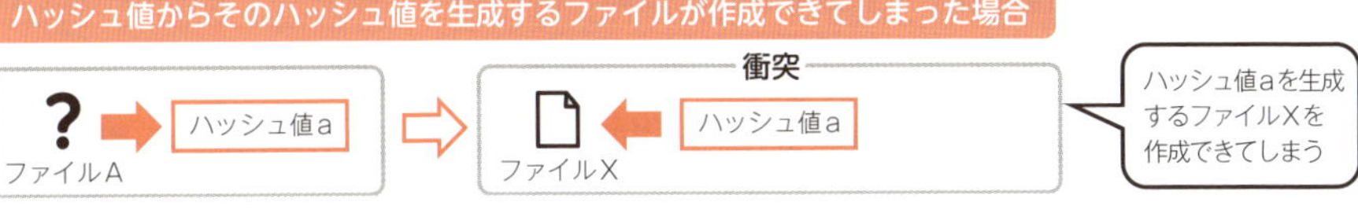

関連用語　改ざん ▶ p.18　電子署名 ▶ p.52　コード署名 ▶ p.144　IPsec ▶ p.158

06 ハードニング

● ハードニング

ハードニング（hardening）は、「硬化」というような意味を持つ英単語ですが、セキュリティの文脈では「固くする」という意味で使われます。

固くする対象は、守るべき情報を保管するコンピューターやネットワークなどの環境です。また、ハードニングは「要塞化」と呼ばれることもあります。

● ハードニングの基本は「基本的かつ地道な対策」の積み重ね

ハードニングの基本は「基本的かつ地道な対策」の積み重ねです。大きくは、「**外部に公開するサービスの局所化**」「**動作しているものの把握**」「**不必要なプログラムの停止**」「**脆弱性を修正するパッチの迅速な適用**」「**セキュリティソフトウェアや機器の導入**」「**OS やネットワーク機器などは 1 箇所だけでなく、複数の箇所で多層防御を行う**」などといった、ごく基本的なものばかりですが、一度やればいいものではなく、継続的にこのようなことを確認し、やり続けていくことが必要になります。ハードニングに限りませんが、有事を起こさないようにすることも、有事が起きてしまった際の迅速な対応も、基本的には運用業務の一環です。

● ハードニングの例

システムでハードニングを実現する例を、具体的に挙げてみます。

- 外部からの通信は限られた種類のものだけを許可し、またシステムから外部への通信も制限するため、ファイアウォール（p.148）を導入する
- システムが動作するコンピューターの OS 機能で、通信先を最小限に絞る
- システムが動作するコンピューター上の動作プログラムを限定し、最低限のもののみにする。動作プログラムおよび OS 類などは随時最新化を行う
- 不正な通信を検知して通知する IDS（p.154）や、不正な通信を自動的にブロックする IPS（p.154）を導入する

イメージでつかもう！

● ハードニングの基本は「基本的かつ地道な対策」の積み重ね

・ファイアウォールで守る
・公開サーバー、端末、ファイルサーバーにパッチを適用する
・必要な通信のみを許可する
・各サーバー、端末でもフィルターを適用する
・動作プログラムを最低限のもののみにする
など…

- 外部からの通信を制限
- 外部への通信を制限

公開サーバー（DMZ）

- 通信先を最小限に絞る
- 動作プログラムを最少化
- プログラムやOSを随時最新版に更新
- セキュリティソフトウェアの導入

内部ネットワーク

端末

ファイルサーバー

- プログラムやOSを随時最新版に更新
- セキュリティソフトウェアの導入

「基本的かつ地道な努力の積み重ね」が大切です。
・外部に公開するサービスの局所化
・動作しているものの把握
・不必要なプログラムの停止
・脆弱性を修正するパッチの迅速な適用
・セキュリティソフトウェアや機器の導入
・多層防御を行う

多層防御　多層防御（複数の箇所で防御を行うこと）によって、脅威に対する防御を強化できます。

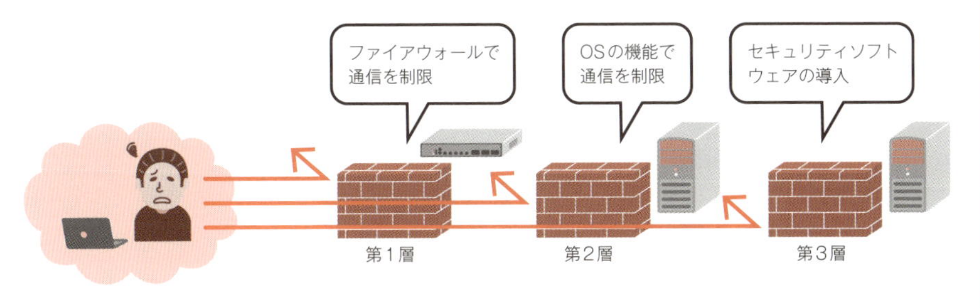

関連用語　ファイアウォール ▶ p.148　IDS ▶ p.154　IPS ▶ p.154　DMZ ▶ p.13

07 パスワード

パスワードは、古くから使われている**「システムに登録されているユーザー」を認証するための情報**です。ID にはメールアドレスが使われることが多く、また、アカウント名として画面上に表示されることも多いので、ID は比較的第三者に知られる可能性が高い情報であるといえます。

一方、パスワードはみなさん自身が自由に決められるうえ、画面などに表示されることもないので、そう簡単には第三者がパスワードを知ることはできません。しかし、だからといって**容易に推測できるような文字列や、シンプルな文字列にしてしまうと、悪意のある人に解読される恐れが高まるので注意が必要**です。

パスワードを決めるときの注意点

パスワードを決めるときは「複雑な」という前置きをされることが多いです。**複雑なパスワード**とは主に次のようなパスワードです。

- 半角英数字の大文字、小文字、記号を組み合わせる
- 辞書に掲載されている単語や、誕生日や名前の一部などは使わない
- 他のサービスやシステムで使用しているパスワードを使い回さない

パスワードを使い回していると、あるシステムで ID とパスワードが流出した場合に、他のシステムやサービスにも不正アクセスされる危険性が非常に高くなります。そのため、ID にメールアドレスを使うようなシステムでは、**パスワードの使い回しは絶対に避けるべき事項の１つ**です。

利用しているサービスのセキュリティレベルを推測する方法

利用しているサービスがきちんとセキュリティ対策をしているかを推測する方法があります。それが「**パスワードリセット時の対応内容**」（私たちがパスワードを忘れたときの対応内容）です。たとえば、先方にパスワードを失念したことを伝えた際に、登録パスワードを平文（読める形）でメールに記載して送ってくるようなサービスは、セキュリティの観点では、あまりよくないサービスといえます。

プラス１ パスワードをメモしておくのも悪くありませんが、誰にも見られない所に保管するか見られても大丈夫なようにしておく（例：２つに切って、別々のところに保管する）必要があります。

イメージでつかもう！

パスワード

特に気をつけること

パスワードリセット時の対応でセキュリティがわかる

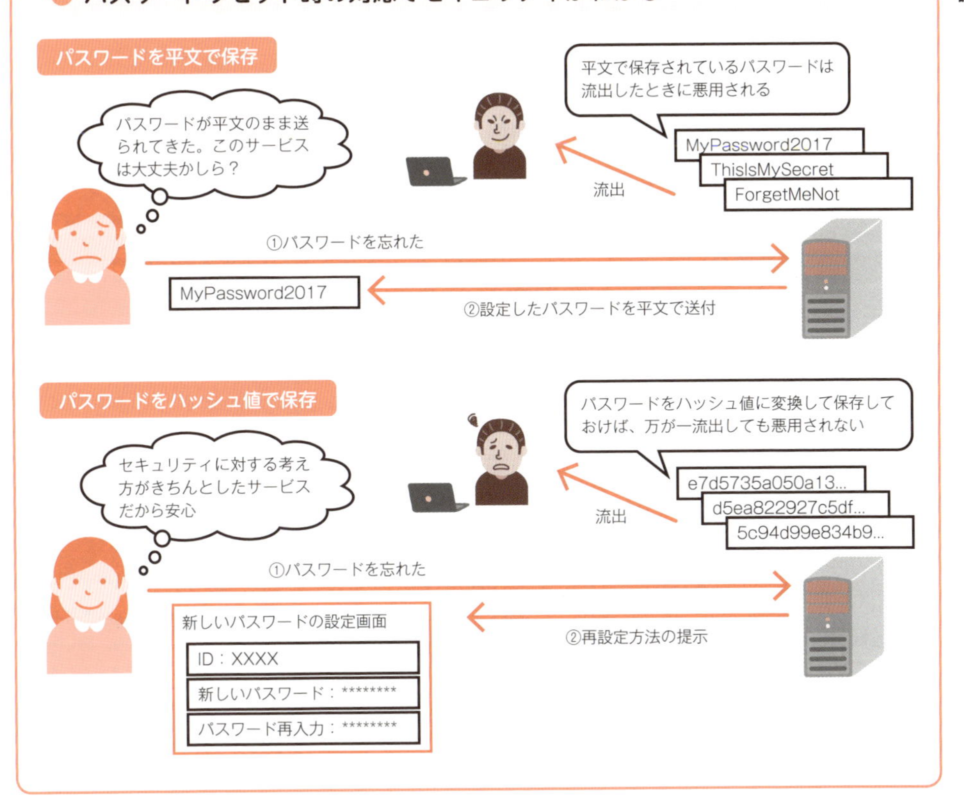

関連用語
認証 ▶ p.34　ハッシュ ▶ p.38　ワンタイムパスワード ▶ p.46
バイオメトリック認証 ▶ p.44

08 バイオメトリック認証

バイオメトリック認証とは、パスワード認証のような「ユーザーが任意に決める情報」ではなく、「**生体が持つ各種特徴**」を認証に用いる認証方式の総称です。

現在では**顔認証**や**指紋認証**、**網膜・虹彩認証**など、さまざまなバイオメトリック認証が実際に使われています。iPhone 6 以降に搭載されている「Touch ID」は指紋認証機能です。

バイオメトリック認証の長所と短所

バイオメトリック認証は、生体（人間）が持つ各種特徴を認証に用いるので、パスワード認証などと比べて、**なりすましが著しく困難**です。また、認証を受けるための情報（ID やパスワード）を暗記したり、認証カードなどを所持したりする必要がないため、認証を受ける側の負担も軽減されます。

一方で、バイオメトリック認証のための装置は、パスワード認証などに用いるシステムや装置と比べて非常に高価であるため、**導入には相応のコスト**がかかるという短所もあります。また、装置も必ずしも 100%完璧な精度で生体を認証できるわけではないため、認証対象者の状態によっては、本人であるのに認証に失敗したり、逆に本人以外の人が認証に成功したりするといった「**認証誤り**」の可能性も発生します。

認証誤りと精度指標

認証誤りの可能性は次の２つの指標で表されます。

- **本人拒否率**（False Rejection Rate：FRR）
- **他人受入率**（False Acceptance Rate：FAR）

FRR と FAR は独立したものではなく、FRR を低く設定すると FAR が高くなり、FRR を高く設定すると FAR が低くなる傾向があるため、バイオメトリック認証を用いる際は、その目的に応じて FAR や FRR を調整することが必要です。

イメージでつかもう！

バイオメトリック認証

・身体の一部の特徴を認証に用いる
　→なりすましが困難
・カードを持ったり、パスワードを覚えたりする必要がない
　→認証を受ける人の負担が軽減

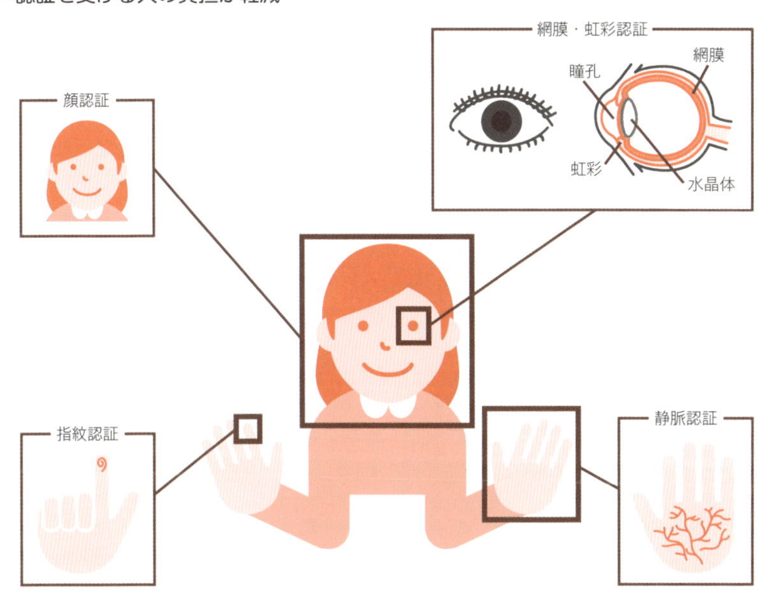

バイオメトリック認証の精度指標

バイオメトリック認証では「認証誤り」の可能性が常につきまといます。認証誤りの可能性は、本人拒否率と他人受入率の2つで表されます。

本人拒否率

本人が認証に失敗する確率のことです。

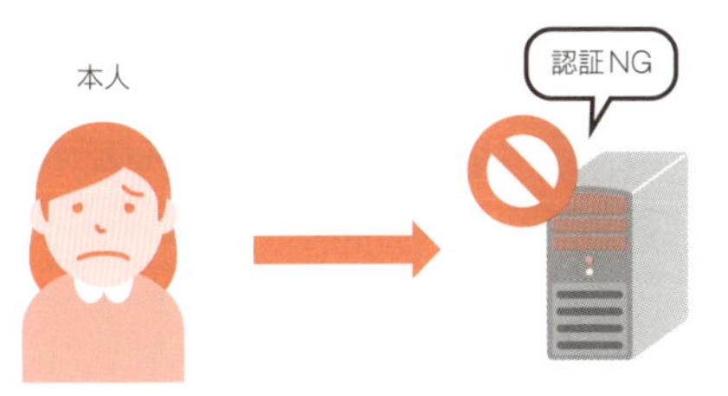

他人受入率

他人が認証に成功する確率のことです。

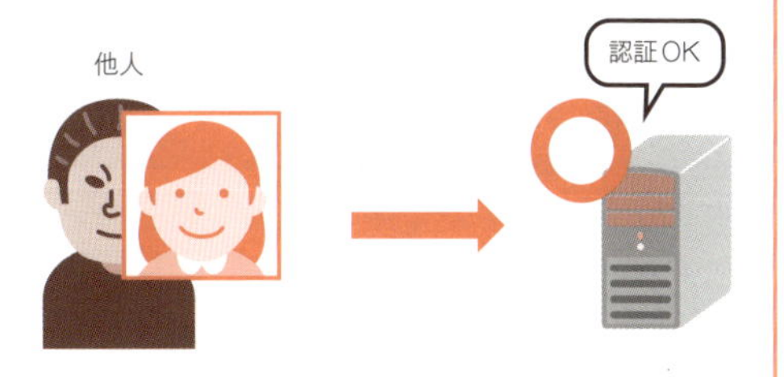

関連用語　認証 ▶ p.34　パスワード ▶ p.42　ワンタイムパスワード ▶ p.46

09 ワンタイムパスワード

ワンタイムパスワードは、**1 回だけ使用可能なパスワード**です。利用可能なパスワードは専用の機器やソフトウェアによって自動的に生成され、そして、**生成されたパスワードは、一度利用されると使えなくなります**。このような特徴から、「ワンタイム（一回）」パスワードと呼ばれます。

なお、ワンタイムパスワードは、上記のような特徴を持つパスワードの総称です。ワンタイムパスワードの実装方法は 1 つではなく、さまざまな方法があります。

● ワンタイムパスワードの長所と短所

ワンタイムパスワードは、上記のように、一度利用されると同じパスワードは二度と利用できなくなります。つまり、**利用者はパスワードの使い回しができません**。その結果、多くの場合において、ワンタイムパスワードのほうが、通常のパスワードよりも、パスワードの流出や盗難に対する認証上の安全性が高くなります。万が一パスワードが流出しても、そのパスワードはすでに利用できなくなっているので、セキュリティが破られることはありません。

また、ワンタイムパスワードのなかには技術仕様が標準化されているものもあり、オープンソースの認証システムにも実装されているので、こういった仕組みを使うことで、**より透明性の高い認証システムを構築することが可能**です。

一方で、短所もあります。まず第一に、ワンタイムパスワードを利用するには、**サービス提供側（認証する側）にワンタイムパスワードを解釈するための仕組みやシステムの導入が必要**です。

また、認証を受けるユーザー側には、**ワンタイムパスワードを発行するための専用の機器やソフトウェアが必要**です。これらの準備や維持・運用のためには、当然費用がかかります。このため現実的には、高い安全性が求められるオンラインバンキングなどのサービス以外でワンタイムパスワードを導入するのは難しいという側面もあります。

プラス 1　最近使われるワンタイムパスワードは、時間でパスワードが切り替わる方式を採用することが多いです。

イメージでつかもう！

通常のパスワード

通常のパスワードはユーザーが決め、変更しない限り同じものを使い続けることができます。このため、パスワードが漏れると、第三者に不正にログインされる可能性があります。

ワンタイムパスワード

ワンタイムパスワードはソフトウェアまたはハードウェアを使って生成します。1 回ごとに使用できなくなるため、パスワードを盗聴されても悪用される恐れがありません。

ワンタイムパスワードの導入

ワンタイムパスワードを導入するには、ユーザーにワンタイムパスワードを発行するための機器やソフトウェアを配布する必要があります。また、認証サーバーにもサービスの改修などが必要なため、維持・運用のコストがかかります。

関連用語　パスワード ▶ p.42　認証 ▶ p.34　二要素認証 ▶ p.48　バイオメトリック認証 ▶ p.44
シングルサインオン p.50

10 二要素認証

二要素認証とは、**素性の異なる２種類の情報を組み合わせて認証を行う認証方式**です。たとえば、「パスワード」と「認証コード」（システムが自動生成し、登録携帯電話のメールアドレスに送付するなどしてユーザーに通知する文字列）の２種類の情報を用いた二要素認証などが現在では実際に利用されています。

● 二要素認証の長所と短所

二要素認証の最大の長所は、**一方の情報が漏えい、または流出してもセキュリティが確保される点**にあります。二要素認証で利用する２種類の情報は素性が異なるため、同時に両方の情報を窃取することはできません。

一方で、他の堅牢なセキュリティシステムを構築する場合と同様に、二要素認証の場合にも「**二要素認証を実現するシステムを、コストをかけて構築する必要がある**」という短所があります。また、登録情報が複雑になったり、入力項目が増えたりするという面では、ユーザーの負担も増えます。

結局のところ、堅牢なセキュリティシステムの構築と、それに見合ったシステム構築のためのコスト増および操作・運用時の煩雑さは、トレードオフの関係にあるといえます。

● 二要素認証になっていない「自称」二要素認証の例

二要素認証のポイントは「性質が異なる情報を組み合わせるところ」にあります。そのため、**攻撃者が一方の情報を入手後、その情報を使ってもう一方の情報を入手できるような場合、それは二要素認証とはいえません**。「そのようなことがあり得るのか？」と思った人もいるかもしれませんが、結構あるので注意が必要です。

たとえば、二要素認証の１つの情報が「メールアドレス（ID）に設定しているパスワード」であり、「認証コード（もう１つの情報）の送付先が、そのメールアドレス」になっている場合、メールアドレスのパスワードが窃取されると、もう１つの要素である認証コードは容易に入手可能になります。このような状況では、二要素認証は十分にその機能を発揮することはできません。

プラス１　本項では二要素（2 factor）としていますが、複数要素を組み合わせることで認証強度を高めるやり方は、一般的には「多要素認証（Multi-Factor Authentication）」と呼ばれます。

イメージでつかもう！

二要素認証では2つの情報を組み合わせる

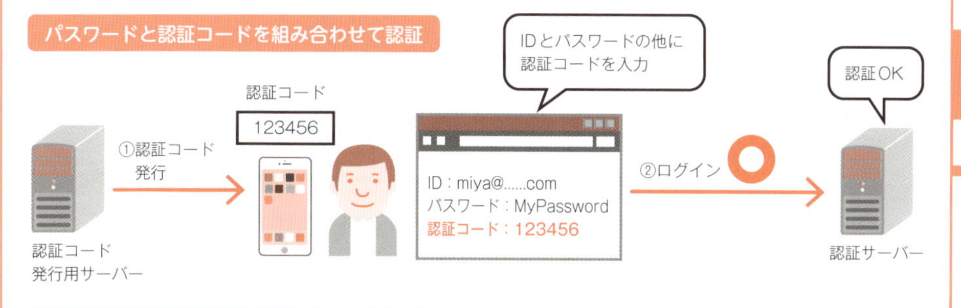

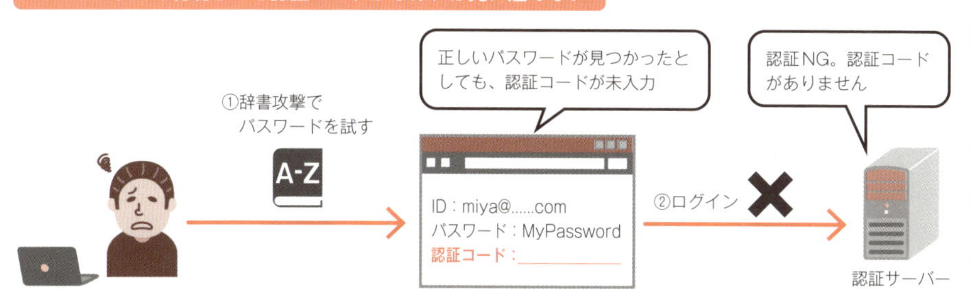

二要素認証になっていない例

認証コードを受信するメールアドレスをログインIDに使っていて、ログイン用パスワードとメール受信用のパスワードが同じ場合、IDとパスワードが漏れると認証コードも容易に入手できてしまいます。

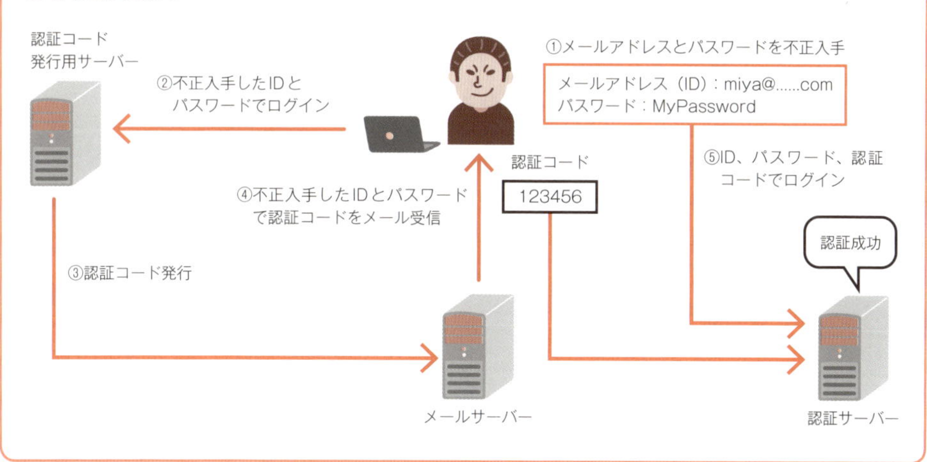

関連用語
パスワード ▶ p.42　認証 ▶ p.34　情報漏えい ▶ p.18　バイオメトリック認証 ▶ p.44
シングルサインオン p.50

11 シングルサインオン

シングルサインオン（Single Sign-On：SSO）とは、その名が示すように、**一度のサインオン（認証）で、複数のシステムを利用できるようにするための仕組みです**。利用者にとって、システムごと、サービスごとに個別に認証を行わなければならない状況はとても煩雑で面倒です。この点において、シングルサインオンが実現されていれば、何度も何度も認証を行わなくても済むため、利便性が向上します。

● シングルサインオンの長所と短所

シングルサインオンを導入すると、**認証情報を管理するシステムを一元化できる**ため、認証情報の管理性が向上します。旧来のシステムのように、システムごと、サービスごとに認証情報を管理する方法では、利用者側も面倒ですが、サービス提供側も大変でした。シングルサインオンを導入すればこの点は大きく改善できます。

一方で、**シングルサインオンにおいては、その性質上、認証情報や認証システムのセキュリティの確保が、通常のシステム以上に重要になります**。シングルサインオンの認証システムのセキュリティが不十分だと、複数のシステムに不正アクセスされてしまったり、最悪の場合、認証情報が漏えいしたりすることにつながります。シングルサインオンの利用を検討する際はあらかじめその仕組みをきちんと理解しておくことが必要です。

● シングルサインオンを実現するための仕組み

シングルサインオンに関しては、**標準化のための仕組み**が以前から整備されています。企業などの利用を想定した認証・認可のための「**SAML**（Security Assertion Markup Language）」、認証のための「**OpenID**」、認可のための「**OAuth**」などがあります。SAML は **OASIS** によって標準化が行われており、OpenID と OAuth は **IETF** により標準化が行われています。

プラス1　OpenID も OAuth も、主にインターネット経由のサービスに関連した規格ですが、イントラネットなど管理可能なネットワークでのシングルサインオンであれば、Active Directory などが実現しています。

イメージでつかもう！

従来の認証

従来の認証方法では、システムやサービスごとに個別に認証を行わなければならず、パスワード管理も含めると、とても手間がかかるものでした。

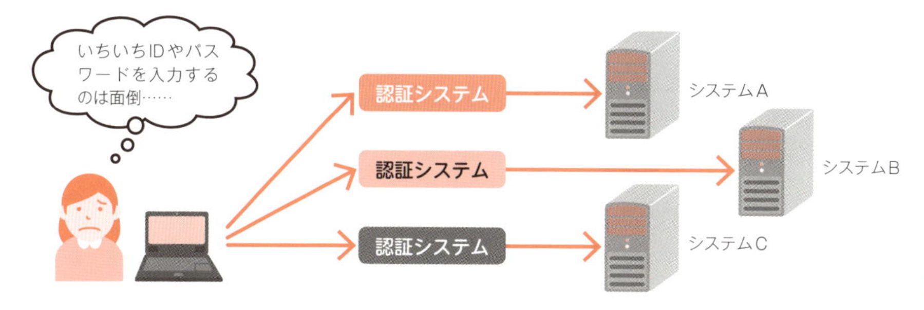

シングルサインオン導入時

シングルサインオンを導入することで認証情報の管理が一元化され、利用者はもちろん、管理者にとっても利便性が向上します。

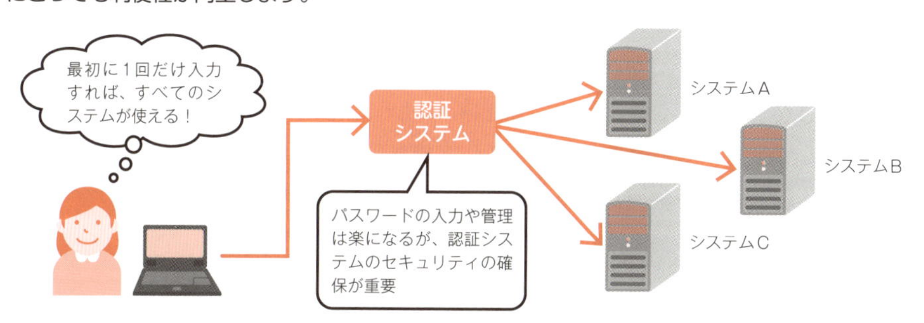

シングルサインオンのための仕組みと、認証／認可との関係

SSOのための主な仕組みは表のとおりです。それぞれ、標準化を行う団体や認証／認可（p.34）の役割が異なります。

	認証	認可	標準化団体
SAML	○	○	OASIS
OpenID	○		IETF
OAuth		○	

OASIS（Organization for the Advancement of Structured Information Standards）は情報社会におけるオープンな標準規格を推進する標準化団体で、IETF（The Internet Engineering Task Force）は、インターネット技術の標準化を推進する国際的な標準化団体です。

関連用語　パスワード ▶ p.42　認証・認可 ▶ p.34　二要素認証 ▶ p.48　不正アクセス ▶ p.170

12 電子署名とその応用の例

電子署名とは、「電子データの作成者」を元のデータに付与し、さらに元のデータが改ざんされていないことを保証するための技術です。**現実社会における「書類へのサイン」や「押印」などを電子的に実現したもの**といえます。

● 電子署名を実現する3つのアルゴリズム

電子署名を実現するには、以下の**3つのアルゴリズム**が必要になります。また、3つのアルゴリズムの実現には、**適切なハッシュアルゴリズム**（p.38）を採用する必要もあります。この点も覚えておいてください。

- **鍵生成アルゴリズム**：電子署名を実現するために必要な「署名するための鍵（秘密鍵）」と「署名を検証するための鍵（公開鍵）」を生成するアルゴリズムです。一般的には、秘密鍵は署名者が厳重に管理し、公開鍵は他者に公開されます（電子データと対応する署名データが適切な対応を持っているかどうかを検証するため）。
- **署名アルゴリズム**：署名者が生成した秘密鍵を用いて、電子データに対応する署名データを生成するアルゴリズムです。
- **検証アルゴリズム**：電子データと対応する署名データが与えられた際に、他者が署名者の公開鍵を用いて対応が適切なものであるかを確認するアルゴリズムです。

● 電子署名を実現する技術

電子署名を実現するための技術としてよく知られているものに「**RSA**（アールエスエー）」「**ElGamal**（エルガマル）」「**DSA**（ディーエスエー）」などがあります。いずれの方式も、鍵生成、署名、検証の3つのアルゴリズムを用いて電子署名を実現します。

「**PGP**（ピージーピー）」や「**S/MIME**（エスマイム）」は、主に**電子メールに対して電子署名や公開鍵暗号処理を施す仕組み**です。PGPは小規模導入に、S/MIMEは組織的な導入に適しています。

イメージでつかもう！

よく使われる電子署名方式

電子署名方式	概要
RSA	●開発者３名（Ronald Rivest 氏、Adi Shamir 氏、Leonard Adelman 氏）の頭文字に由来している ● 1977 年に発明された公開鍵暗号方式。電子署名のためにも使われる
ElGamal	●開発者の名前（Taher Elgamal 氏）より命名される ● 1984 年に発表。解くのが困難な数学の問題の１つを暗号に応用している
DSA	● Digital Signature Algorithm の略。1993 年に標準化。 ● ElGamal をもとに、解くのが困難な別の問題を組み合わせ、暗号に応用している

実装名	概要
PGP（Pretty Good Privacy）	商用の実装は Symantec のもの、オープンソースの実装は GnuPG のものが知られる。鍵の生成は利用者により行われる。公開鍵サーバーインフラはあるが使わなくてもよい
S/MIME（Secure / Multipurpose Internet Mail Extensions）	メールに対する暗号と電子署名のために使われる。主だったメールソフトは S/MIME に対応している。利用のためには、認証局により発行される電子証明書が必要
PDF 署名	PDF に対する電子署名の実装。Adobe Acrobat で実装されており、利用のためには認証局により発行される電子証明書が必要

通常の署名と電子署名の対応

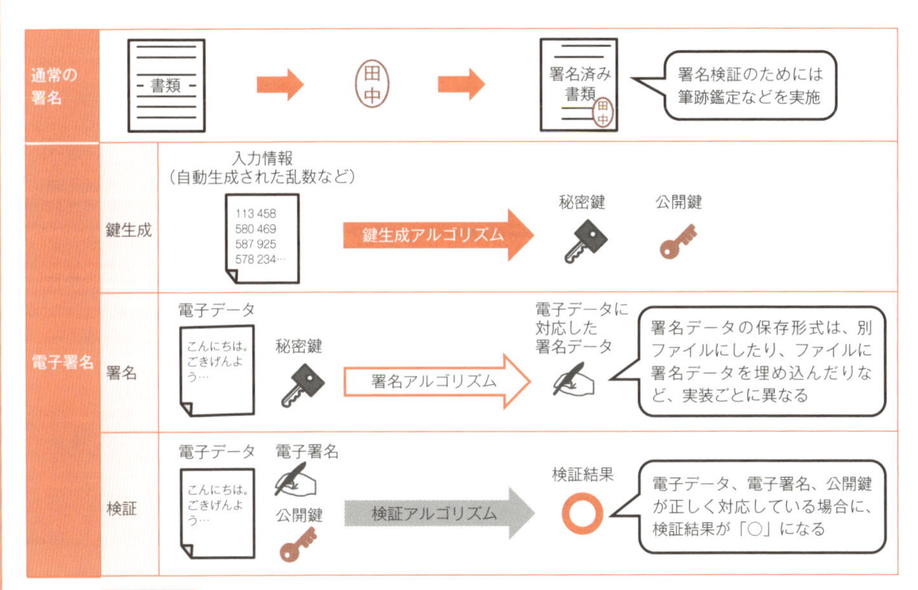

検証手順

電子データ、電子署名、公開鍵が正しく対応しているかは、以下の手順で確かめます。

①電子データに対応する電子署名を公開鍵で復号し、ハッシュ値を取り出してハッシュ値 A とする
②電子データのハッシュ値を計算する（ハッシュ値 B とする）
③ハッシュ値 A とハッシュ値 B が同じならば、検証結果が「○」となる

関連用語　ハッシュ ▶ p38　秘密鍵 ▶ p.138　公開鍵 ▶ p.138　公開鍵暗号 ▶ p.138

13 証明書と認証局

証明書とは

証明書（Certificate）とは、**自身が正しい存在であることを示すために用いる仕組み**です。現実社会では運転免許証やパスポートなどが証明書になりますが、コンピューターの世界ではこの証明書が「**サーバーの存在証明**」や「**暗号化通信を行うための信頼の基礎**」になります。また、**電子署名**（p.52）を行う場合に証明書が用いられることもあります。なお、サーバーで使われる証明書は「サーバー証明書」と呼ばれます。

証明書には「**証明書の発行者**」「**発行を受けた者**」「**有効期限**」などの情報が含まれます。

証明書を発行するための仕組み

運転免許証などの物理的な証明書は公的機関が発行しますが、コンピューターの世界の証明書は、**認証局**（CA：Certificate Authority）と呼ばれる機関が発行します。

また、認証局を維持運用する仕組みを **PKI**（Public Key Infrastructure：公開鍵基盤）と呼ぶことがあります。PKI は、信頼ある企業が運営することもあれば、国が運営することもあります。国が運営する PKI を **GPKI**（Government PKI）と呼びます。

証明書の検証方法

個々のサーバー証明書を検証するには、「**証明書を発行した認証局の証明書**」が必要です。こういった、証明書を検証するための証明書のことを「**ルート証明書**」や「**中間証明書**」（右ページの表を参照）などと呼びます。

ルート証明書は、通常は OS やブラウザなどといっしょに配布されるため、ユーザーが気にすることはありません。一方、中間証明書は「サーバーを運用する側」がサーバー証明書とともにサーバーに格納し、使えるようにします。

その他、証明書の有効期限前に証明書を無効にすることがあります。このために用いられるのが**失効リスト**（CRL：Certificate Revocation List）、もしくは **OCSP**（Open Certificate Status Protocol）による証明書の有効性確認です。

プラス1 特定の証明書の秘密鍵が盗まれ、当該証明書を用いた署名が不正に行われるなどした場合、もしくはその恐れがある場合に、当該証明書を無効にすることがあります。

イメージでつかもう！

さまざまな「認証局」と「証明書」の例

認証局は IT の世界において証明書を発行する機関です。「ルート認証局」と「中間認証局」があります。それぞれの用語を整理しておきましょう。

ルート認証局	認証局の最上位の認証局。ルート認証局の正当性は、自分自身で保証している	中間認証局	ルート認証局から委任を受けた認証局で、ルート認証局から信頼されることで自身を保証している
ルート証明書	ルート認証局から発行された証明書が正しいかどうかを確認する根拠となる証明書。ルート認証局自身を証明する証明書	中間証明書	中間認証局から発行された証明書が正しいかどうかを確認する根拠となる証明書。中間証明書自体は、上位の認証局が発行する

証明書の検証の手順

個々のサーバー証明書はルート認証局から発行してもらう場合と、中間認証局から発行してもらう場合があります。それぞれ発行された証明書の検証手順を図で解説します。

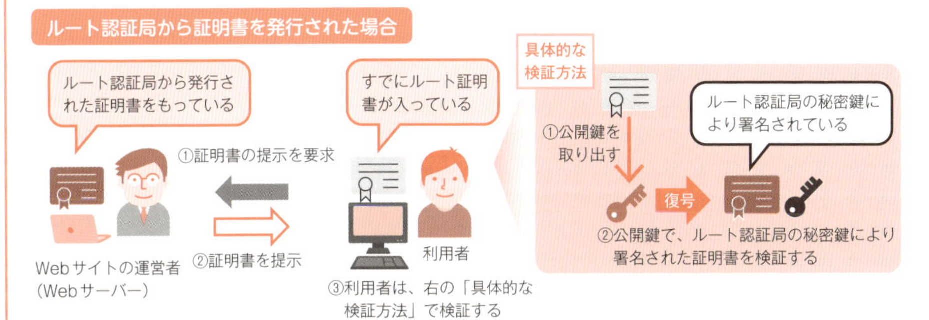

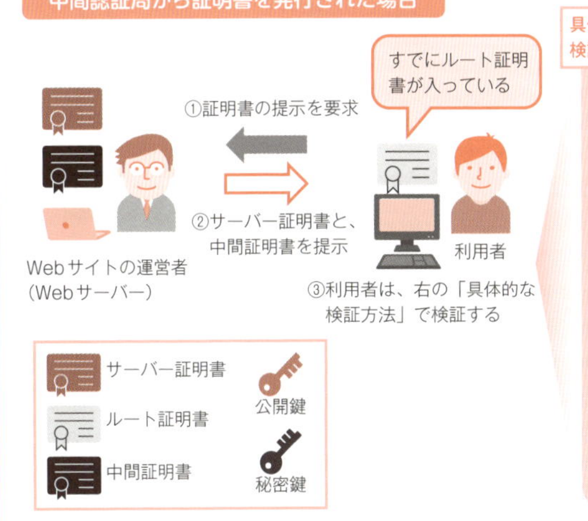

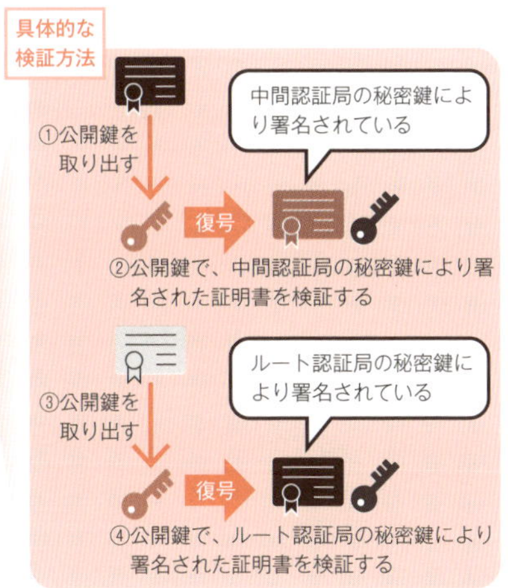

関連用語 電子署名 ▶ p.52 公開鍵暗号 ▶ p.138 TLS ▶ p.142

14 暗号化ファイルシステム

暗号化（p.36）は「**鍵を持っている人だけがデータを読めるようにする技術**」ですが、ここで解説する暗号化ファイルシステムは「**ファイルシステムそのものに暗号化機能を追加することによって、ファイルを暗号化する技術**」です。なお、Windowsには暗号化ファイルシステムの機能が標準で用意されています。

暗号化ファイルシステムを用いれば、ユーザーは対象のファイルが暗号化されているのか、暗号化されていないのかを意識する必要はありません。ファイルへのアクセス権によって自動的に処理されるため、アクセス権が付与されていれば閲覧でき、付与されていなければ閲覧できないだけです。

● 暗号化ファイルシステムの長所と短所

暗号化ファイルシステムでは、ファイルを読み書きする際に暗号化に使う鍵が必要です。この鍵は通常、ユーザー認証などを完了させると使えるようになるため、記憶装置を直接読み書きするような方法ではファイルを読み出すことはできません。

これは言い換えるなら「**コンピューターから記憶装置のみを取り外して直接読み出そうとしても読み出せない**」ということです。このため、暗号化ファイルシステムを利用すれば、ノートPCなどを紛失した場合でも情報漏えいのリスクを下げることができます。

このような、暗号化ファイルシステムの堅牢なセキュリティ技術は、通常運用時には非常に便利なのですが、その反面、**トラブル発生時（ディスク破損など）にディスクからデータを救出するのが困難になるという短所**も併せ持っています。

● Windowsで使用可能な暗号化ファイルシステム

Windowsで利用可能な暗号化ファイルシステムには「**EFS**（イーエフエス）」や「**BitLocker**（ビットロッカー）」があります。どちらの技術を利用するかは、システムの利用状況や必要な条件をもとにして決定します。詳しくは右ページの表を確認してください。

プラス1 パスワード設定を行えるハードディスクがあったとしても、多くの場合はアクセスにパスワードが必要というだけであり、ハードディスクを暗号化するわけではありません。

イメージでつかもう！

● 暗号化ファイルシステムの動作

暗号化ファイルシステムでは、OS外のプログラムに暗号化処理を意識させることなく、データを暗号化／復号し、データの書き込みを行います。

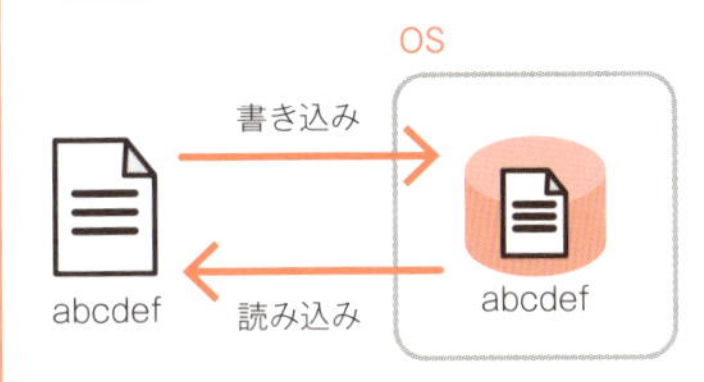

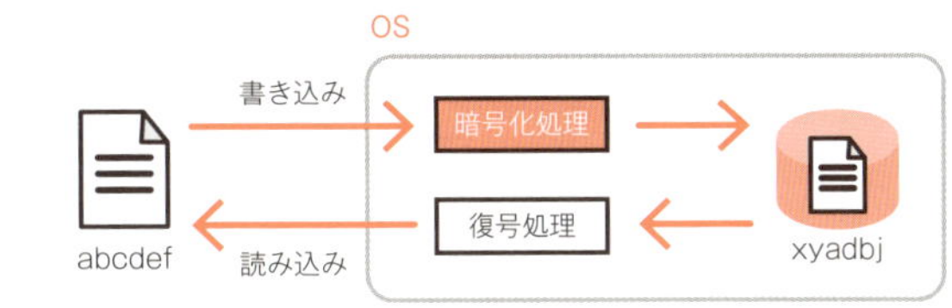

● 紛失したPCから取り外しても読み出せない

紛失したPCからハードディスクを取り外しても別のPCからは読み出せないので、データ漏えいのリスクが軽減されます。ただし、PCが故障したときにはデータを取り出すのが困難になります。

● EFSとBitLocker

	EFS	BitLocker
長所	●現行のWindowsであれば、エディションを問わず使用できる ●設定が非常に簡単 ●Windows 10のEFSは、NTFSのほかFATとexFAT（いずれもファイルシステムの一種）で管理されたファイルも暗号化できる	●対象とするドライブ全体を暗号化でき、ファイルシステムそのものが暗号化され、ファイル構造やファイル名も保護される ●コンピューター上に搭載された、TPM（Trusted Platform Module／乱数生成、暗号演算などを行うハードウェアモジュール）をはじめとするセキュリティ機能を活用できる
短所	●指定されたファイルやフォルダー以外は暗号化されないため、使用時に注意が必要 ●ファイルシステムでサポートされる暗号化機能のため、階層構造やファイル名までは保護されない ●Windows 10以外は、NTFS以外ではEFSを使えない	●使用できるエディションが制限される ・Windows 7: Enterprise, Ultimate ・Windows 8, 8.1: Pro, Enterprise ・Windows 10: Pro, Enterprise, Education ●EFSと比較して、初期設定が複雑
特徴	すべてのWindowsで、必要なファイルやフォルダーを暗号化指定することで使用可能になる	Windows 10 ProやWindows 10 Enterpriseなど、企業内で使用することを想定した種類のWindowsで使用可能であり、ドライブ全体を暗号化する

関連用語　暗号 ▶ p.36　認証 ▶ p.34　情報漏えい ▶ p.18

15 ウイルススキャン

ウイルススキャンは、ウイルスをはじめとする**悪意あるソフトウェア（マルウェア）を検知するための手段**の１つであり、「ウイルスバスター」や「ウイルススキャナー」といったセキュリティソフトウェアに実装されている標準的な防御機能の１つでもあります。

パターンファイルを用いたウイルススキャン

パターンファイルとは、**マルウェアのファイルが持つ特徴を記述したデータベース**です。ウイルススキャン時には、個々のファイルとパターンファイルに登録されているデータを照合し、結果が合致（検知）したものを「マルウェア」として断定します。

その後、セキュリティソフトウェアは、マルウェアとして断定されたファイルを速やかにユーザーが触れない領域に退避したり（**検疫**）、削除したりします（**駆除**）。

振る舞いによるウイルス検知

最近のマルウェアは、パターンファイルによる検知を逃れるために、ファイルの特徴を少しずつ変化させてしています。このため、**マルウェア全体におけるパターンファイルで検出可能なマルウェアの割合は減少しているといわれています**。

このため現在では、マルウェアが動作をする段階（たとえば、外部からの攻撃指示を待っていると思しき動作や、不自然なファイル作成などを行った段階）で、対象のファイルをマルウェアと見なすようになってきています。

レピュテーションによるウイルス検知

最近のセキュリティソフトウェアによく見られるのが「**レピュテーション**」による対策です。セキュリティ事業者側が保有しているマルウェアや、攻撃者が使う悪性 URL などの最新情報を使用し、ユーザーがアクセスしようとしているファイルや URL とを逐次比較し、実行やアクセスをブロックします。この方法を使うためには、セキュリティソフトウェアが動作するコンピューターがインターネットを利用できる必要があります。

プラス１ レピュテーション（reputation）とは、「評判」を意味します。「評判」は、さまざまな観点から決定されます。観点には、たとえばサイトの存在期間、過去に攻撃に使われたかなどが挙げられます。

イメージでつかもう！

通常スキャンの例

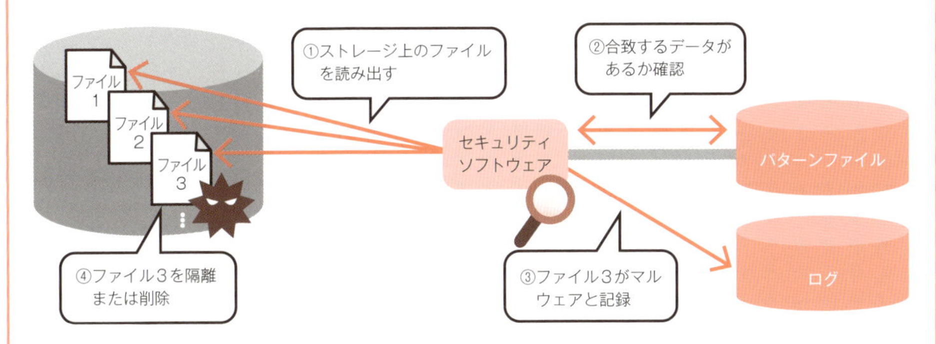

①セキュリティソフトウェアにより、ストレージ上のファイル（ファイル1、ファイル2、ファイル3…）を読み出す
②パターンファイル中に記録された特徴と合致するかどうかを確認する
③確認した結果、パターンファイル上の特徴と合致するファイルが確認された場合は、ログに記録する
④対象ファイルは可能な限り隔離もしくは削除する

リアルタイムスキャン

セキュリティソフトウェアがパターンファイルとのデータ照合を実行するタイミングは、ユーザーが指示するタイミングと、ファイルへのアクセスを検知したタイミングがあります。後者の処理をリアルタイムスキャンと呼ぶことがあります。

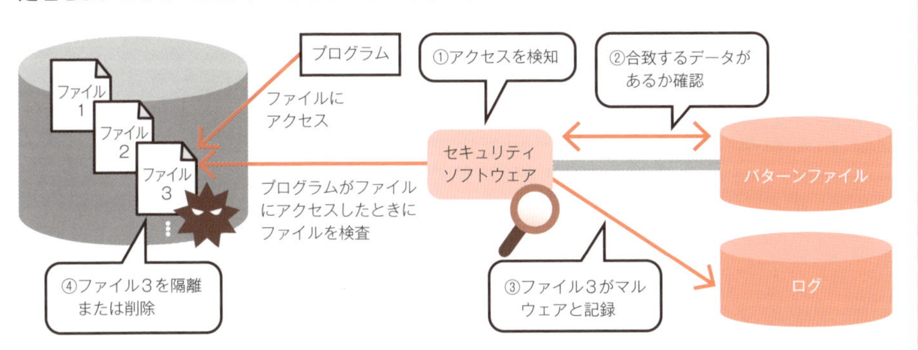

①セキュリティソフトウェアがアクセスを検知する
②アクセスされたファイルがパターンファイル中に記録された特徴と合致するか確認する
③確認した結果、パターンファイル上の特徴と合致するファイルが確認された場合は、ログに記録する
④対象ファイルは可能な限り隔離もしくは削除する

セキュリティソフトウェアはOSに常駐し、ファイルアクセスを監視します。

関連用語 マルウェア ▶ p.94　攻撃者 ▶ p.90

16 パッチ

パッチとは、**バグを修正するためのデータの総称**です。パッチによって**データの一部を書き換えることでシステムのバグや脆弱性を修正する場合**もありますし、**既存のファイルをバグのない正しいファイルに差し替えたり、新しいファイルを追加したりすることでシステムを修正する場合**もあります。

なお、パッチにはさまざまな種類がありますが、システムの脆弱性に対応するためのパッチのことを特に「**セキュリティパッチ**」と呼ぶことがあります。

● パッチの長所と短所

パッチは、バグや脆弱性が発生したソフトウェアを丸ごと差し替えるのではなく、修正したファイルに限って差し替えるときによく使われます。

パッチを適用してシステムを最新の状態にしておけば、攻撃者が狙う箇所は確実に減少します。パッチの適用を迅速に行うことでシステムは強固になります。これは、システムが持つ攻撃への耐性が、初期状態と比較してより高くなる利点があります。

一方でパッチには、**パッチを適用することによってソフトウェアの動作が不安定になる可能性がある**、という短所もあります。このため、**システムの安定性が重要な場合は、いきなり本番環境に対してパッチを適用するのではなく、別途テスト環境を用意して、パッチの適用テストを行うことが多い**です。なおこの場合は、「テスト中は本番環境がずっと危険な状態にある」ということを覚えておくことが重要です。テストを行うことはもちろん大切ですが、あまりにも時間がかかる場合には、ある程度実務に合わせてテストの簡略化や効率化を行う必要があります。

● パッチを適用できない場合

すぐにパッチを適用できない場合は、バグや脆弱性を悪用されないよう、他のところでセキュリティを確保する必要があります。具体的には、**システムにアクセスできるユーザーや接続元を制限する**などのアプローチが考えられますが、不特定多数が使うシステムではこの方法は採用が難しいため、別の方法を用いてセキュリティ確保を行うことになります。

プラス1 Windowsのバグや脆弱性修正では、「修正プログラム提供」によってバグや脆弱性が発生したプログラムを差し替えます。これを「Windowsのパッチ」と呼ぶ人もいます。

イメージでつかもう！

パッチ

さまざまな方法でパッチを適用することで、システムのバグや脆弱性を修正できます。

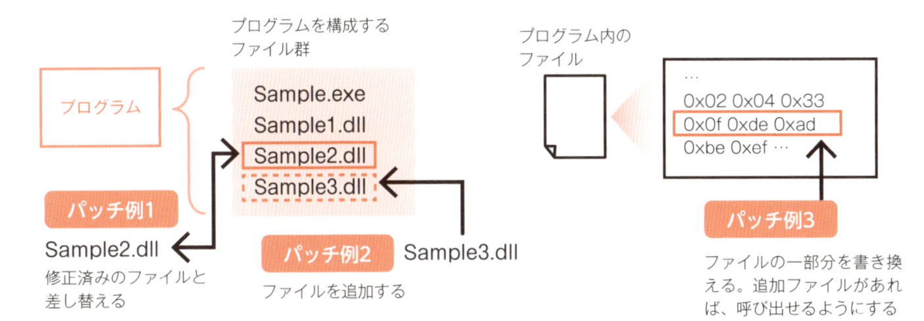

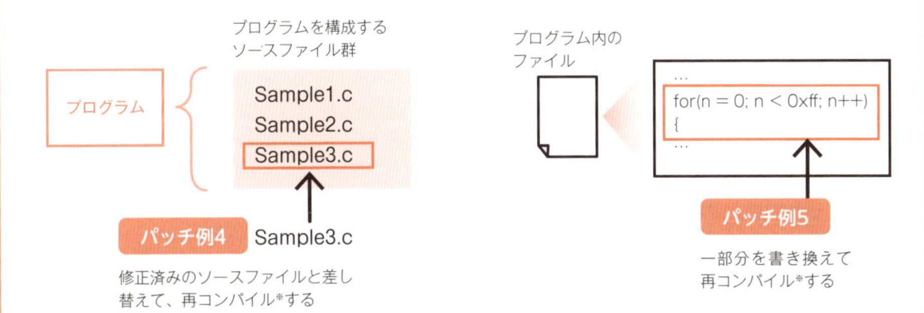

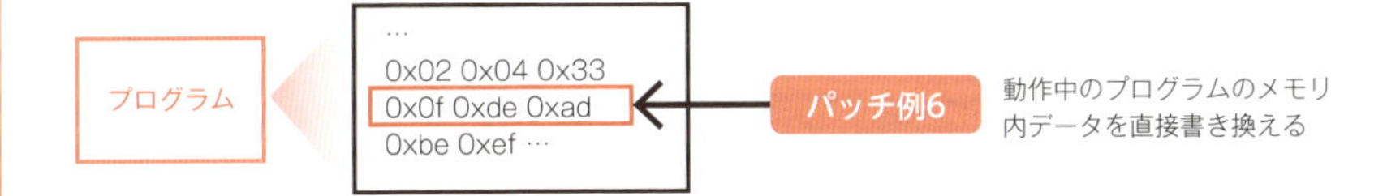

※「コンパイル」とは、プログラマーが記述したプログラムをコンピューターが実行できるデータ形式に変換することです。プログラマーが記述したプログラムが保存されているファイルは「ソースファイル」と呼ばれます。

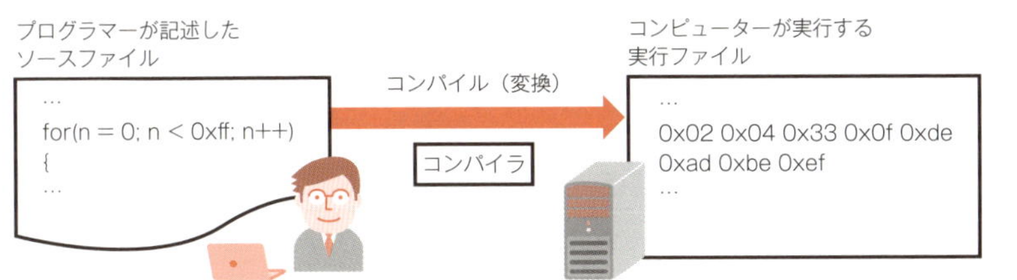

関連用語 脆弱性 ▶ p.92

17 パケットフィルタリングとアプリケーションゲートウェイ

● パケットフィルタリング

パケットフィルタリングは、**IPパケットごとに、条件に合致するか否かを確認**し、通信を許可したり拒否したりするための仕組みです。ネットワークではIPパケットという単位でデータが送受信されていますが、IPパケットには送信するデータの他に送信元と送信先のアドレスや通信の手続きなどの情報が含まれています。パケットフィルタリングではこれらの情報に対して条件を設定し、通信の可否を制御します。

● アプリケーションゲートウェイ

アプリケーションゲートウェイは、パケットレベルではなく、**サービスなどのアプリケーションが扱うデータを通信路上で確認**し、条件に合致する通信を許可したり、拒否したりするための仕組みです。条件に用いられるのはパケットフィルタリングで用いる条件に加え、通信データ中の特定のキーワードなども挙げられます。Webアプリケーションファイアウォール（p.150）やプロキシサーバー（p.152）は、アプリケーションゲートウェイの実装に分類されます。

● パケットフィルタリングとアプリケーションゲートウェイの用途

同じような条件で通信制御を行う場合、アプリケーションゲートウェイのほうが実現コストが高くなる、もしくは同じような価格の装置を使う場合は、パケットフィルタリングを行う装置のほうが高性能になる傾向にあります。このため、条件の合致を高速に判定できるパケットフィルタリングを用いて多くの通信制御を行い、パケットフィルタリングを通り抜けてきた通信について、アプリケーションゲートウェイを用いて細かく制御をすることになります。

他には、ものすごく高価になりますが、**次世代ファイアウォール**と呼ばれる製品の中には、アプリケーションゲートウェイとパケットフィルタリングの両方を行えるものもあります。

プラス1 通信データの暗号化が行われている場合でも、暗号化の方法によっては、特別な仕組みを導入することで、アプリケーションゲートウェイによる処理が可能になることがあります。

イメージでつかもう！

パケットとは

ネットワークではパケットという単位でデータのやり取りを行います。パケットはさらに、送信先や送信元のアドレスなどの管理用の情報を保持するヘッダーと、アプリケーションなどで使うデータ類を保持するペイロードに分けることができます。パケットを荷札付きの箱とすれば、ヘッダーは荷札、ペイロードは箱（箱の中身）と考えられます。
特に、通信規約であるIPに従って分割されたデータのことをIPパケットといいます。

パケットフィルタリング

パケットフィルタリングは、主にヘッダー情報の条件に一致するものがないかを調べます。

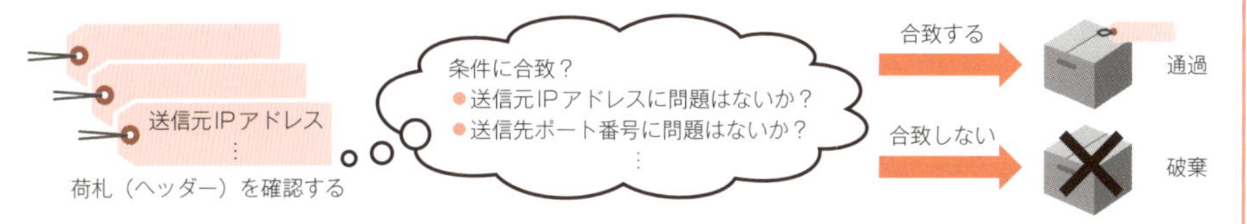

アプリケーションゲートウェイ

アプリケーションゲートウェイは、主にペイロード内の情報に一致するものがないかを調べます。

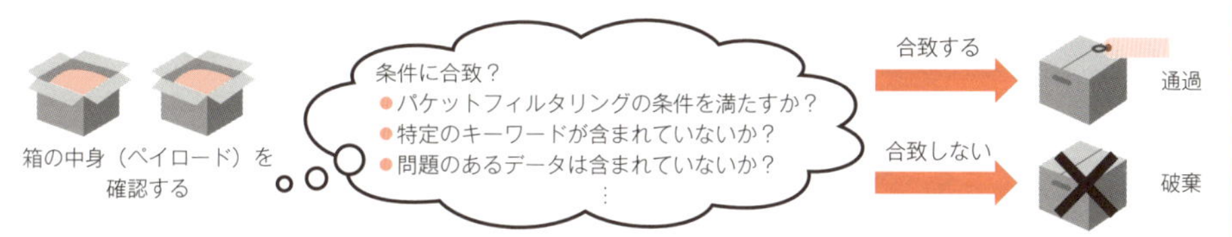

パケットフィルタリングとアプリケーションゲートウェイ

パケットフィルタリングのほうが高速に処理ができます。アプリケーションゲートウェイは処理速度はかかりますが、細かい制御ができます。

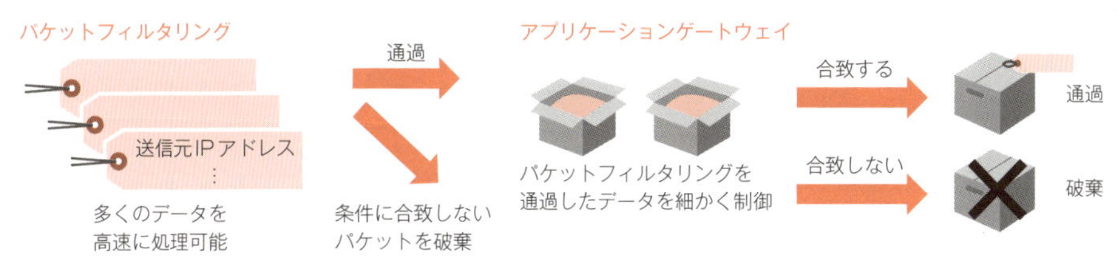

関連用語 Webアプリケーションファイアウォール ▶ p.150　プロキシサーバー ▶ p.152

18 セキュリティオペレーションセンター（SOC）

セキュリティイベントを通知する仕組み

SOC（Security Operation Center：セキュリティオペレーションセンター）は、さまざまなセキュリティ機器を用いて、**システムやネットワークなどの監視対象に発生する何らかのセキュリティイベントを検知した際に、検知した内容を一定の基準に従って取捨選択し、通知先に知らせる一連の仕組み**であり、営みです。

CSIRT（p.70）がセキュリティ事故の対応を行う一連の営みであるのに対して、SOCはあくまでも監視と通知が主な営みになります。ただし、場合によってはSOCがセキュリティイベントに対応します。

SOCで使用する機器や情報

SOCが目的とするのは、**セキュリティイベントのタイムリーな検知**であり、**必要に応じた通知**です。

このため、セキュリティイベントを検知するために必要なIDS（p.154）や、各種ログを収集・管理して脅威の分析に役立てるSIEM（p.84）などを用いることがあります。また、セキュリティイベントを検知するために必要な情報には、ファイアウォールをはじめとするネットワーク機器やセキュリティ機器、サーバー類が出力する各種ログが必要になることもあります。

SOCは必要か？

すでにネットワークの運用やセキュリティ機器の運用を行っており、なおかつ適切にセキュリティイベントの検知と然るべき通知を行えているのであれば、無理やりSOCを構築する必然性はありません。

しかし、機器があるにもかかわらず、そのような運用を行えていなかったり、外部にも委託できていなかったりするのであれば、SOCの構築をしないまでも、どのようにしてセキュリティイベントを検知していくかを考える必要はあるでしょう。そのために、機器の状態やログを確認する運用の実現を検討してみてください。

イメージでつかもう！

SOC（セキュリティオペレーションセンター）

SOCは、システムやネットワークなどを監視し、セキュリティイベントの発生を検知した場合は、一定の基準に従って取捨選択して通知先に知らせる一連の仕組みです。

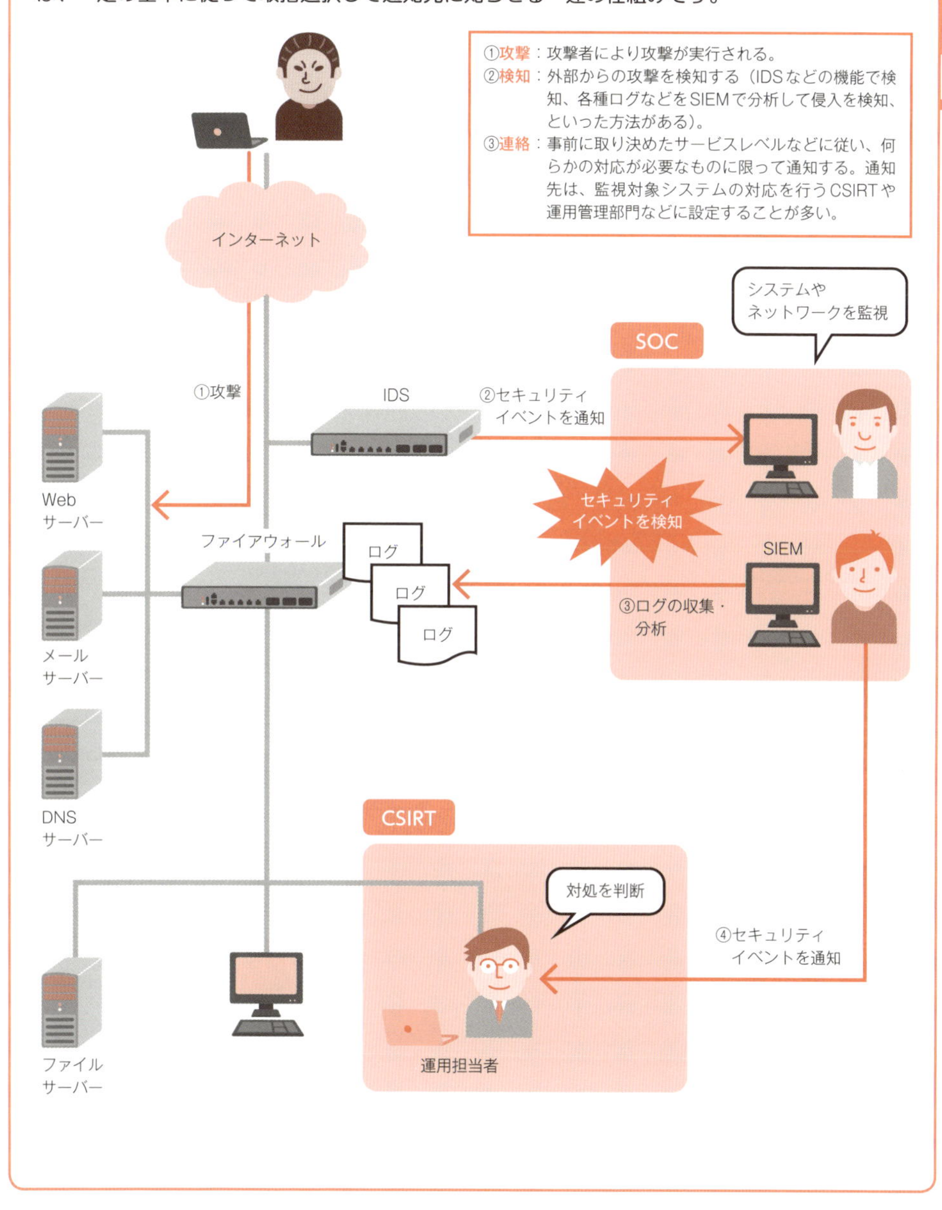

関連用語 CSIRT ▶ p.70　IDS ▶ p.154　SIEM ▶ p.84　各種ログ ▶ p.68

19 SDL (Security Development Lifecycle)

● ソフトウェアの不具合の修正は簡単ではない

ソフトウェアの不具合（脆弱性など）の修正は、ハードウェアの部品交換のように簡単ではありません。その原因は、ソフトウェアの開発におけるある法則が関係しています。その法則とは「**ソフトウェア開発では、工程が進めば進むほど、問題解決に必要なコストが急増する**」というものです。

ソフトウェアは一般的には、要求分析→設計→実装→テストという開発工程を経て完成します。この工程の早期段階、すなわち要求分析や設計ですべての問題が解決できていれば大きな問題にはならないのですが、実装やテスト段階で問題が顕在化すると、簡単には修正できず、修正コストも膨大になります。セキュリティ関連の不具合もこの法則から逃れることはできません。

● 開発工程におけるセキュリティ解決の難しさ

そのような法則は多くの開発者が知っているのですから、早期発見・早期解決に努めればよさそうに思えますが、残念ながら話はそれほど簡単ではありません。特にセキュリティ対策に関しては「**セキュリティの特性**」に起因する難しさがあります。

まず、セキュリティ対策を考えるうえでは、**第三者の悪意の想定**が必須です。このような、セキュリティの脅威を見つけ出し、どの程度問題となるのかを見積もる作業のことを「**脅威分析**」といいますが、要求分析や設計段階で脅威分析を適切かつ十分に行うことは非常に困難です。実際に運用してみると、想定外の脅威が発生しがちです。

また、要求や設計どおりにできているかを確認するためのセキュリティテストでは「**異常な挙動を引き起こす（攻撃に近い）テストデータ**」を用意する必要があり、このテストが十分でないと脆弱性の残った製品を出してしまうことになるのですが、このテストを実際の運用前に完全に行うことも困難です。

なお、このようなセキュリティを考慮した開発工程（ライフサイクル）のことを、**SDL（Security Development Lifecycle）**といいます。代表的なSDLにはMicrosoftのSDLがあります。

プラス1 Microsoft SDLの詳細は、以下のページに記載されています。
https://msdn.microsoft.com/ja-jp/library/ms995349

イメージでつかもう！

開発工程と修正コスト

開発早期からセキュリティ対策を組み込むこと（セキュリティバイデザイン）が重要です。開発工程が進むほどに、修正コストは増大します。

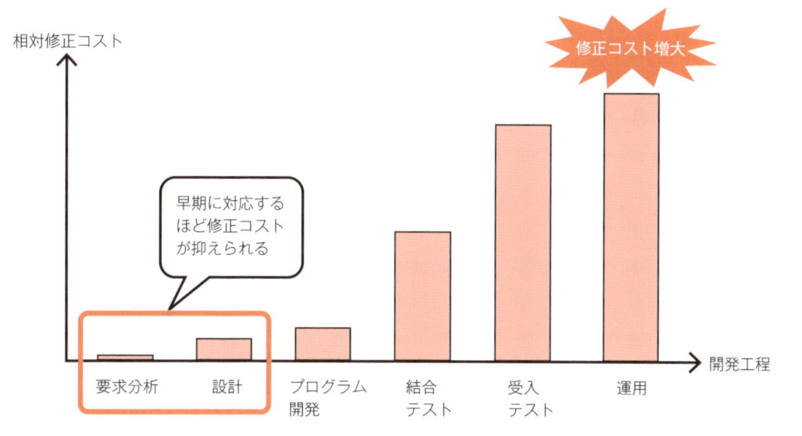

SDLの開発工程

SDLの開発工程で は、ソフトウェア開発の各工程に、セキュリティに関する項目を組み込んでいます。

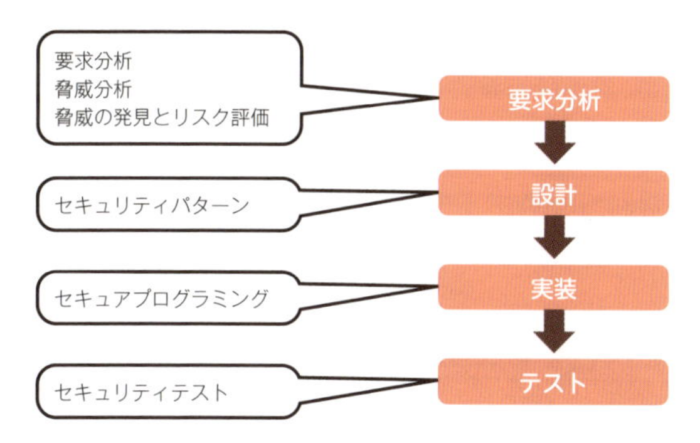

「セキュリティパターン」とは、過去のノウハウの蓄積に基づいて、セキュアな設計をパターン化して集めたものです。設計段階でこれらのパターンを当てはめることで開発に役立てることができます。
セキュリティパターンの例としてリファレンスモニター（Reference Monitor）があります。これはすべてのアクセス要求を横取りし、アクセスの妥当性をチェックする単一のプロセスを設ける手法です。これにより、すべてのデータに対するアクセス制御を保証できるようになります。

関連用語 脆弱性 ▶ p.92　ペネトレーションテスト ▶ p.134

20 各種ログ

ルーターやコンピューターなどに保存されるログ（動作記録）は、各機器そのものや、機器が設置されているシステム全体が正常に稼動しているかを確認するために役立つとともに、機器やシステムが攻撃を受けたか否かを確認するためにも用いられます。

● ネットワーク機器のログ

ネットワーク機器のログを確認することで、**通常では発生し得ない不審な通信を発見できることがあります**。たとえば、ルーターやスイッチなどの機器で、指定外の通信を行わせないように設定している場合に、指定外の通信を止めたことを機器に記録するように設定しておけば、指定外の不審な通信が発生したことを確認できます。通信は止めないが、発生した通信を記録するようにしておいても、不審な通信発生を確認できることがあります。

● サーバーのログ

サーバーなどのコンピューターに保存されるログは、保存する項目をうまく選べば、**不審なプログラムの起動を確認するのに役立ちます**。また、**性能ログ**を取得するようにしておくと、負荷の推移を残すことが可能になります。負荷の推移を確認することにより、攻撃者が何らかのプログラムを起動したタイミングなどを推し量れることがあります。

● ログに記録する内容や期間と記録する機器の時刻同期が大切

ログにはなんでもかんでも保存するのではなく、**適切な記録項目**および**記録する機器**を選ぶことが大切です。そして、ログを記録する機器は**時刻を同期**しておき、複数のログの間で記録された情報の突き合わせを行いやすいようにしておくことが大切です。上記以外にどんな種類のログが取得可能かを見極めることも大事です。

また、何を記録するかに加え、「どのくらいの期間記録できるか」というのも重要です。必要な調査を行う段になって「記録がなかった」という事態を避けるためにも、何を「どの期間」記録できるか／できているかを見極める必要があります。

プラス1 各種ログの管理と分析、脅威の検知などを行う際に、SIEM(p.84)を導入するのがよい局面も多くあります。

イメージでつかもう！

各種ログ

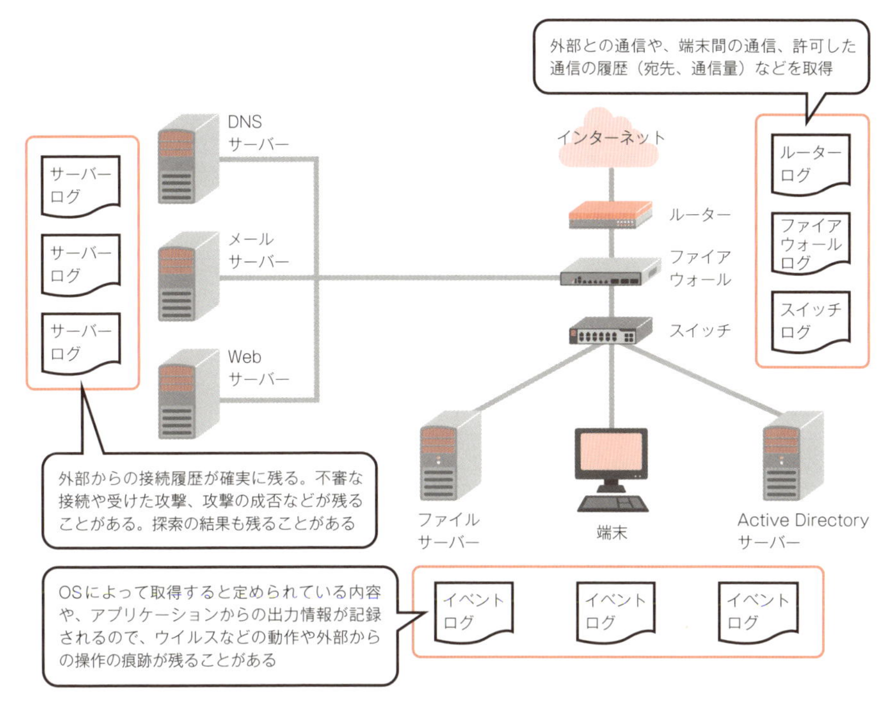

各種ログはできるだけログサーバーや SIEM などで集中管理できるようにするとよいでしょう。ログには機微情報（p.172）が含まれることがあるため、このように集中管理することで機密性と完全性を確保しやすくなるメリットも生まれます。

ログを取得する機器の時刻を同期する

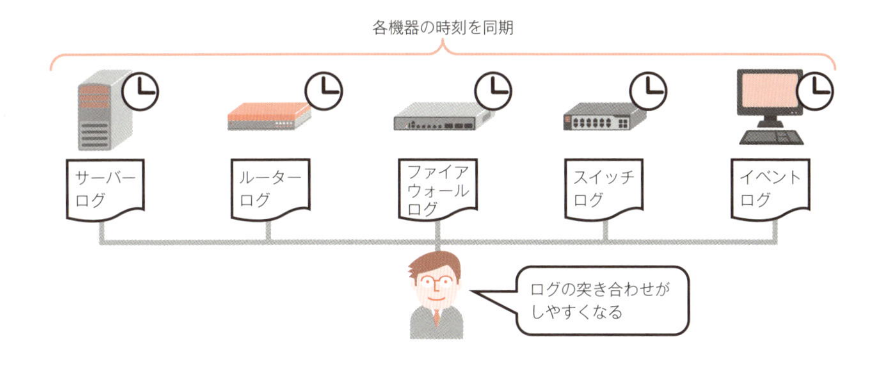

関連用語
SIEM ▶ p.84　セキュリティの追加要素 ▶ p.16
セキュリティオペレーションセンター（SOC）▶ p.64　機微情報 ▶ p.172

21 CSIRT

CSIRT(シーサート)(Computer Security Incident Response Team)とは、**発生したセキュリティ事故に対して、専門的な知見と適切な他者とのインタフェースをもって対応するチーム**です。日本語に訳すと「コンピューターセキュリティ事故対応チーム」となります。

CSIRTを構成するメンバーにはさまざまな役割があります(右ページの表を参照)。最も重要な役割は、「PoC(Point of Contact)」と「コマンダー」です。これらはどのようなCSIRTにも必ず配置する必要があります。

● 非常時以外には非常時を減らすための取り組みを行う

CSIRTという用語が上記のような定義であるため、「CSIRTはセキュリティ事故が発生したときだけ動く」と考えている人も多いのですが、実際には事故発生時だけではありません。対応したセキュリティ事故から学び、「こうしておけば起きない」といった、**具体的な予防策・改善策を検討し、実行に移していくのもCSIRTの役割の1つ**です。年中セキュリティ事故の対応をしているような組織は、とても健全な組織とはいえません。

● CSIRTにはさまざまな設置形態がある

CSIRTには「これ」と決まった型はありません。設置する事業者のビジネス形態や業態に応じて、さまざまな形を取り得ます。いわゆるユーザー企業においては「セキュリティ事故に対応できる人」を集めること自体が大変な場合もありますが、このような場合は、最低限「PoC」と「コマンダー」だけは自社で用意して、あとはアウトソーシングするという方法もあります(右ページの図を参照)。こうすることで、

「インシデントに関する情報を自社で整理する」「自社の状況に合わせた各種対策や施策を企画立案する」といったことを具体的に実施するのが現実的になってきます。専任者を置くことで、セキュリティ関連事項を集中的に見ることが可能になるので、そのような人員配置も視野に入れたCSIRTの構築を検討してみてください。

プラス1 本項ではCSIRTの“R”は“Response”(対応)を指しますが、昨今は“Readiness”(備え)を指すようにも捉えられています。

イメージでつかもう！

役割と業務内容

CSIRTは、さまざまな役割をもったメンバーで構成されます。ここでは、代表的なメンバーの役割とその業務内容について紹介します。

機能分類	役割名称（代表的なものを抜粋）	業務内容
情報共有	社外PoC（自組織外連絡担当）	NCA（日本シーサート協議会）、JPCERT/CC（JPCERTコーディネーションセンター：p.178）、CSIRT、警察、監督官庁などとの情報連携
	社内PoC（自組織内連絡担当）	法務、渉外、IT部門、広報、各事業部などの情報連携
情報収集・分析	リサーチャー：情報収集担当 キュレーター：情報分析担当	定例業務、インシデントの情報収集、各種情報に対する分析、国際情勢の把握
インシデント対応	コマンダー：CSIRT全体統括	CSIRT全体統括、意思決定、社内PoC、役員、CISO（Chief Information Security Officer：最高情報セキュリティ責任者）、または経営層との情報連携
	インシデントマネージャー：インシデント管理担当	インシデントの対応状況の把握、コマンダーへの報告、対応履歴把握
	インシデントハンドラー：インシデント処理担当	発生したインシデントの処理、インシデントマネージャへの状況報告

CSIRTの構成例

CSIRTにはこれという典型的な型はありませんが、ここでは1つの例を紹介します。コマンダーを中心に、各メンバーが連携して活動を行います。
ユーザー企業で、すべてのメンバーを自社で用意できない場合もあると思います。その場合は、最低限「PoC」と「コマンダー」は自社で用意して、その他の役割は外注するという方法もあります。

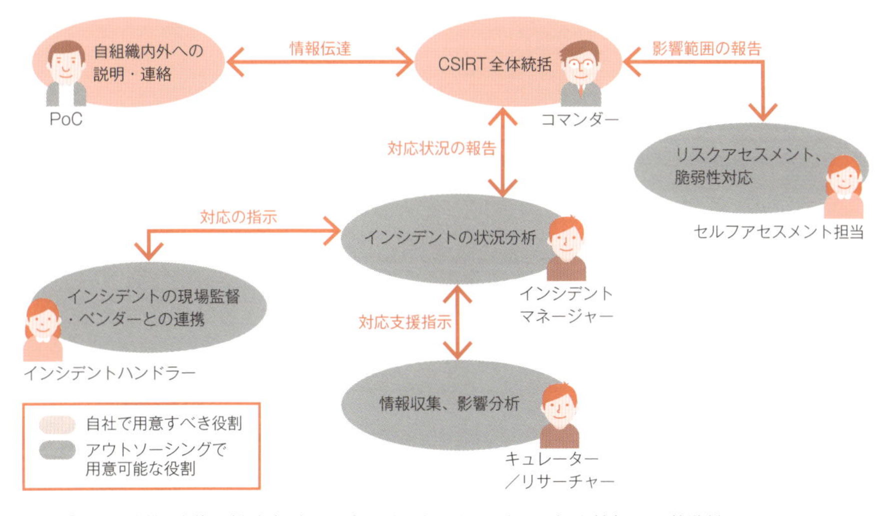

※参考：「CSIRT人材の定義と確保」（日本コンピュータセキュリティインシデント対応チーム協議会）
http://www.nca.gr.jp/activity/imgs/recruit-hr20170313.pdf

関連用語　インシデント ▶ p.32　JPCERT/CC ▶ p.180

COLUMN

多角的なアプローチ

■ セキュリティを確保していくための多角的なアプローチ

本章は、「セキュリティの確保に必要な基礎知識」と題して、「セキュリティポリシー」の説明に始まり、「CSIRT」の説明で締めくくりました。

職場でセキュリティ関連の話題を耳にしたり、セキュリティ関連の対策や事故の説明などでよく出てくる言葉のうち、「よくわからない」と思われがちな言葉や概念を取り上げ、どのようなものであるかを説明しています。

章全体を読んでみて感じるのは、セキュリティを確保していくにもさまざまな角度からの取り組みがある、ということでしょう。少なくとも本章では「ルール」「技術」「組織」という3つの視点から内容を考えています。これは、いずれか1つの視点だけでセキュリティを考えるのは無理がある、ということを表しています。

■ ルールに実効性を持たせるのが技術であり、組織である

本章の最初に説明したのは「セキュリティポリシー」ですが、セキュリティポリシーを制定するだけでは、そのポリシーを遵守するのは困難です。決めたポリシーを遵守できるように、ポリシーを逸脱しようとした（もしくは逸脱した）ことを検知できるようにするための技術が必要です。そして、そのポリシーの施行状況を常に確認し、メンテナンスしていくための役割／組織が必要です。セキュリティ事故が発生したときの対応体制も必要になりますし、事故対応のために必要な技術も存在します。

■ セキュリティにはバランスが必要

よく「セキュリティに必要なのはバランス感覚」といわれます。これは事実なのですが、ただ「バランス」といっても何をどのようにバランスを取っていくのかをきちんと理解する必要があります。一番わかりやすいのは、かけられる費用と対応するリスクのバランスですが、組織の性格がよく出る部分の1つといえます。

Chapter

3

攻撃を検知・解析するための仕組み

攻撃者もマルウェアも危険な存在ですので、慎重に対処する必要があります。本章では、攻撃への対策として、攻撃者の行動をつぶさに観察したり、攻撃を検知したり、マルウェアを解析したりする方法を解説します。

01 サンドボックス

サンドボックスは、**不審なソフトウェアを自身の環境で実行する際に影響範囲を限定するための仕組み**です。子供が遊ぶ砂場も「サンドボックス」と呼ばれることがありますが、これと同様に、**砂場の中ではどのような処理であっても許されますが、砂場の外には一切の影響を及ぼさないように作られます**。

●「仮想マシン環境」はサンドボックスを実現する仕組みの１つ

サンドボックスを実現するための「専用の仕組み」といったものは特にありません。一般的に、**外部に影響を及ぼさないような技術や機能を用いて、処理内容を確認できるように作られた実行環境のことを「サンドボックス」と呼びます**。

たとえば、**仮想マシン環境**はサンドボックスの一例です。仮想マシンを利用すれば、外部（仮想マシンの外）には一切影響を及ぼすことなく、仮想マシン内でさまざまなソフトウェアを実行し、様子を詳細に観察できます。悪意のあるプログラムを意図的に実行することも可能です。実行したことによって生じたあらゆる出来事は、仮想マシンの中に留めることができます（**製品によって仕様が異なる部分もあるので実際にテストする際は事前に必ず十分に確認してください**）。

● 未知のマルウェアに対抗する手段

サンドボックスを実現する技術や機能をまとめて「**サンドボックス製品**」として販売／配布されているものもあります。サンドボックス製品の中には、Webアクセス時にダウンロードされたファイルや、受信メールに添付されてきたファイルを検査するための機能が備わっているものもあります。

なお、サンドボックス製品はデータをサンドボックス内で実際に動作させるため、大量のデータを効率的には処理できません。セキュリティソフトウェアなどで判定済みのデータを機械的に隔離できるような仕組みを配置したり、明らかに無害なデータを通過させるような仕組みを併用し、サンドボックス製品で検証するデータを限定するようにすることが効率的な運用のポイントとなります。

プラス１ サンドボックス製品は高価で強力ですが、サンドボックス検知と回避を行うマルウェアもあります。過信せずに、通過したマルウェアが動作した場合の対応を考えることも必要です。

イメージでつかもう！

サンドボックス＝囲いこむ仕組み

サンドボックスはプログラムを監視し、プログラムが外部に影響を及ぼしそうになった場合には処理を横取りし、外部に影響が及ばないようにします。

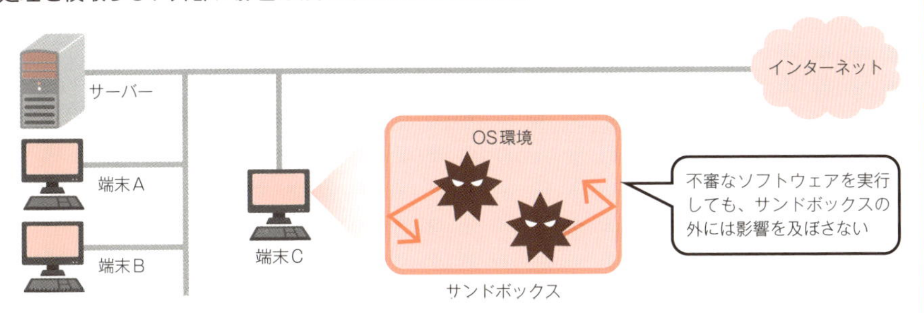

仮想マシン環境をサンドボックスに見立てる

仮想マシン環境にはサンドボックスに必要な要素が含まれるため、サンドボックス環境として使うことがあります。

サンドボックス製品

通信に含まれるファイルやデータを取り出し、製品内で稼動するサンドボックス内で検証します。検証結果にマルウェアなどの特徴が見られた場合には、その結果を管理者やユーザーに通知するとともに、それらのファイルやデータを隔離します。

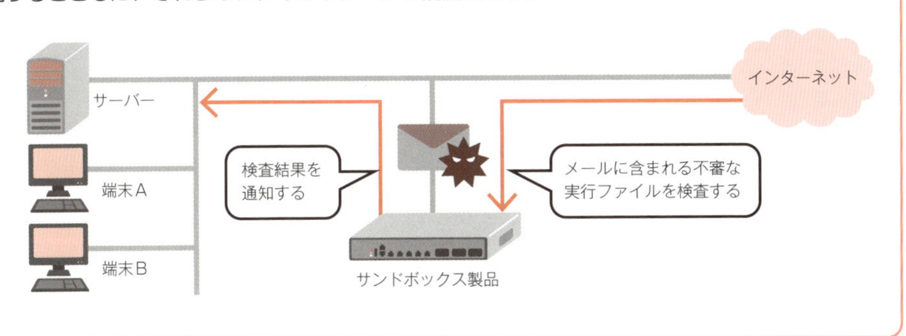

関連用語　マルウェア ▶ p.94　ウイルススキャン ▶ p.58　動的解析 ▶ p.76

02 動的解析

マルウェア（p.94）の解析現場では「**動的解析**」という言葉を耳にすることがあります。動的解析とは、**マルウェアを実際に動作させて、その挙動を追いかけることで、マルウェアがどのような悪さをするかを解析する方法**です。

動的解析の長所と短所

動的解析では実際にマルウェアを動作させて、その動作を解析するため、**マルウェアの実際の挙動を把握しやすい**という特徴があります。また「静的解析」（p.78）よりも**早く解析結果を得られる**可能性が高いです。この点も長所の１つといえます。

一方で、動的解析を行うには**動作するマルウェア**（マルウェアファイル）が必要なので、これが残っていないと解析を行うことはできません。また、マルウェアファイルが残っている場合でも、動作させるには「**マルウェアが動作する条件や設定**」を解明することが必要です。

また、動的解析はその解析方法の特性上、仮想マシンなどで構成されたサンドボックス内（p.74）で行われることが多いのですが、このことは攻撃者（マルウェアの作成者）も理解しており、自身が作成したマルウェアを簡単に解析・駆除させないために、最近では「**サンドボックス内では動作しないマルウェア**」というものも登場しています（マルウェア自身が、実行環境が仮想環境なのか、そうでないのかを判別できるということです）。

このように、攻撃側と防御側の攻防は一進一退のいたちごっこ状態になっていますが、動的解析が有効な場面はまだまだ多いため、まずはこのような解析方法があるということ覚えておき、必要に応じて活用してみてください。

表層解析 ～解析済みの情報を探す手法～

表層解析とは、ファイル名やファイルの種類（実行ファイル、画像ファイルなど）、ファイルのハッシュ値などの外形的な情報をもとに、すでに存在する解析情報を、インターネット上などから探し出す手法です。表層解析の段階で十分な情報を取得できない場合に、動的解析や静的解析を行います。

プラス１　マルウェア解析は動的解析による動作の把握から入るのが一般的です。動作条件がわからない場合には、静的解析で動作条件を解析した後に動的解析に入ります。

イメージでつかもう！

動的解析

動的解析では、実際にマルウェアを動作させて解析します。マルウェアの挙動がつかみやすく、早く解析結果を得られるのが長所です。

マルウェアを解析環境で動作させる

マルウェアを動作させるためだけに準備する環境としては、仮想マシン環境で準備することが多く、プログラムの挙動を解析するためのツールを同時に動作させることも多いです。

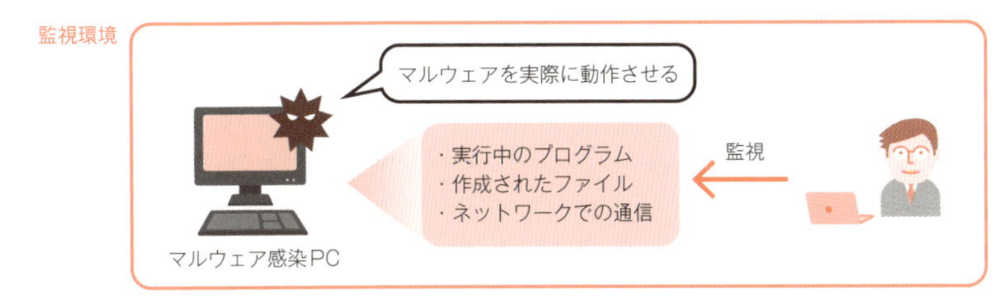

動的解析の欠点

動作するマルウェアがないと難しい

動作するマルウェアがファイルとして残っていて、動作させる方法がわからないと動的解析はできません。

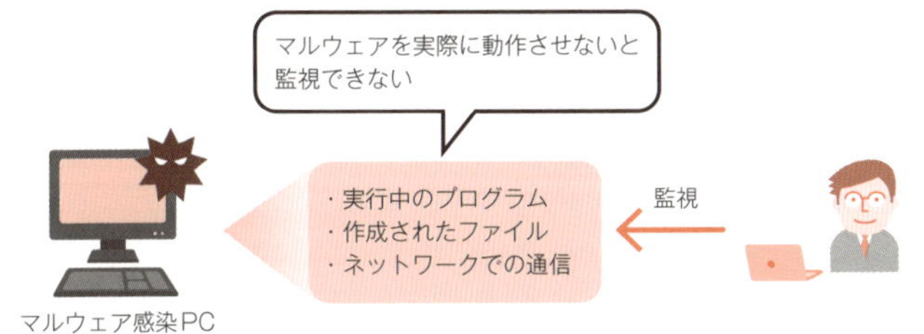

対策されやすい

マルウェアのなかには、自身が仮想環境で動作していることを検知して、解析されないために動作を停止するものもあります。

関連用語　マルウェア ▶ p.94　静的解析 ▶ p.78　サンドボックス ▶ p.74　攻撃者 ▶ p.90

03 静的解析

前項で解説した動的解析が「マルウェアを実際に動作させてその挙動を確認する」解析方法であるのに対して（p.76）、静的解析は「**マルウェアは実行せず、実際に被害にあったコンピューターに残されたファイルや、メモリに残存するマルウェア関連情報などの中身を見て解析する方法**」です。

静的解析の長所と短所

静的解析では、マルウェアを動作させる必要がないため、動的解析のようにサンドボックス（p.74）を用意したり、特定のソフトウェアや設定ファイルなどを用意したりする必要がありません。動作するマルウェアがなくても、マルウェアの解析を進めることが可能です。

一方で、静的解析には大きく、以下の３つの短所があります。

- **時間がかかる**
- **膨大な知識が必要**
- **解析対象のプログラムに記述されている以上のことはわからない**

動作させればすぐにわかることでも、プログラムを読み解いて解明しようとすると非常に時間がかかります。

また、静的解析を行うには膨大な知識が必要です。たとえば、プログラムが動作する環境の知識も必要ですし、解析対象のプログラムが外部のホストと通信するような場合には、外部のホスト上で動作するプログラムに関する知識や、プログラムがやりとりするデータに関する知識も必要になります。

動的解析と静的解析の使い分け方

動的解析と静的解析にはそれぞれに一長一短があります。そのため、両方の解析方法を組み合わせることをお勧めします。たとえば、動的解析を行うために必要なデータがそろわない場合は、不足したデータを静的解析で調査するなど、それぞれの特徴を活かして相互に解析を進める方法がお勧めです。

プラス１ 静的解析は動的解析と比べると技術的難度が高いため、技術者を自組織内で確保するよりは、静的解析が必要なときに外部の専門家に解析を依頼することも多く行われます。

イメージでつかもう！

静的解析

静的解析では、マルウェアのプログラムファイルやメモリに読み込まれた情報をもとに、マルウェアにどのようなプログラムが記述されいるかをツールを使って読み解きます。

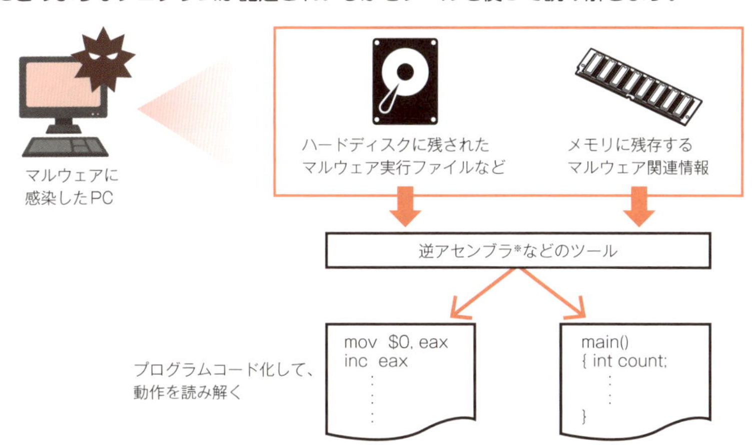

逆アセンブラ：マルウェアに限らず、コンピューターで動作している多くのプログラムは、プログラマーが記述したプログラム（人間が読める形式）をコンピューターが実行できる形式（コンピューターが読める形式）に変換したうえで実行用ファイルに保存されています。この変換処理をアセンブルといいますが、逆アセンブラはこれと逆の処理、つまりコンピューターが実行する形式のファイルを人間が読める形式に変換するためのツールです。

動的解析と静的解析の組み合わせの例

動的解析と静的解析はいずれも一長一短なので、両方をうまく組み合わせると効率的な解析ができる場合もあります。

	動的解析	静的解析
長所	●実際にマルウェアの挙動をつかみやすい ●解析結果が早くわかる	●実際に動作するマルウェア実行ファイルなどがなくても解析できる ●サンドボックスなどの実行環境を用意する必要がない
短所	●実際に動作するマルウェア実行ファイルなどがないと解析できない ●サンドボックスなどの実行環境では動作しないマルウェアもあり、動かせないと解析できない	●解析に膨大な時間がかかり、高度スキルも必要 ●プログラムに記述されている以上のことはわからない

組み合わせの例

①マルウェアの動作条件を解明するために、静的解析を実施する

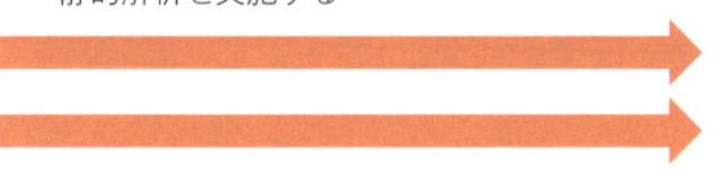

②①で確定した動作条件をそろえて、動的解析を実施する

関連用語 動的解析 ▶ p.76　マルウェア ▶ p.94　サンドボックス ▶ p.74　フォレンジック ▶ p.80

04 フォレンジック

フォレンジック（コンピューターフォレンジック）とは、**コンピューターに残存している情報を収集し、そのコンピューターで何が行われていたかを示す情報を特定し、その内容を調査する作業の総称**です。そのため、フォレンジックを行うには、OSやアプリケーションの「基本的な仕様」や「情報の存在場所」を知っておく必要があります。

● フォレンジックを行う際に最初に考えるべきこと

フォレンジックを行う際に、第一に考えるべきことは、**コンピューターの保全**です。保全とは「**被害にあったコンピューターの電源を切り、被害が発覚したときの状態のまま置いておき、触れないこと**」です。コンピューターの電源を入れたままにしておくと、記憶装置に不必要な改変がかかる可能性があるため、必ず最初に電源を切って、被害対象のコンピューターに意図しない改変が生じないようにしてください。そのうえで、フォレンジックをはじめていきます。

● フォレンジックはとにかく時間がかかる

フォレンジックでは通常、対象のコンピューター上の記憶装置を直接調査することはありません。いったん別の調査用HDDに複製してから調査を行います。また、実際の調査工程においては、記憶装置の内容をとにかく細かく調査します。たとえば、コンピューターに残っているログ類の調査、各種設定の調査、削除されたファイルの調査などにより、詳細な被害内容がわかることがあります。

このため、「数TBのHDDはあたりまえ」の昨今では、実被害のない調査目的の場合であっても、**フォレンジックを行うには非常に時間がかかります**。まず記憶装置の複製に時間がかかり、続く調査にも時間がかかるという状況です。

このため、フォレンジックを行う際は、実作業を自分でやるにせよ、他社に依頼するにせよ、この「とにかく時間がかかる」ということはあらかじめ承知したうえで行うようにしてください。このことを理解しておかないと調査スケジュールなどを適切に検討することはできません。

プラス1　フォレンジックの結果復元されたファイルに対し、動的解析（p.76）や静的解析（p.78）を行うことがあります。また、動的解析や静的解析の結果からフォレンジックの観点を決めることもあります。

イメージでつかもう！

フォレンジック

フォレンジックでは、コンピューターのHDD（ハードディスク）やメモリ、ネットワークの通信内容などから情報を収集して、実際に何が行われていたかを詳しく調査します。

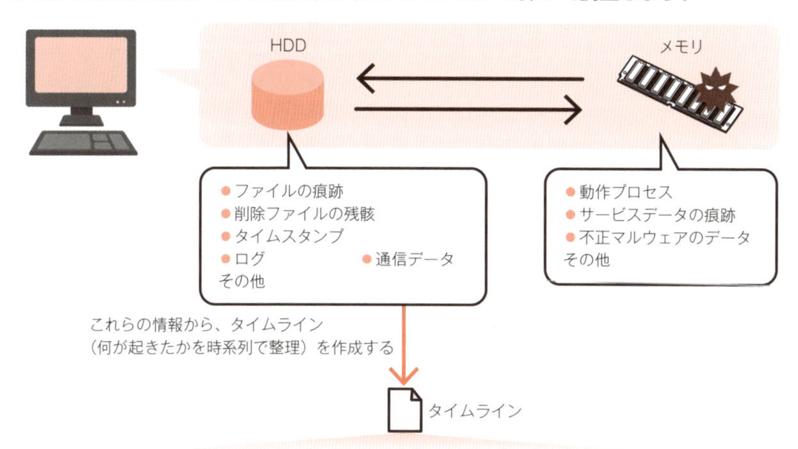

Linuxサーバー 192168.1.1 に関するタイムライン

- 2016/03/01 10:01:31 アカウント admin にアクセス（10.0.1.3からアクセス）（ログイン記録から）
- 2016/03/01 10:01:59 アカウント admin がsudo で管理者権限取得を試行（失敗）（sudoログから）
- 2016/03/01 10:02:50 アカウント admin が/tmp/evil.c を取得（10.1.0.3から）（コマンド実行ヒストリから）

……

crontabの内容：毎日1:00に、/var/mail配下の内容を/tmp配下にアーカイブし、10.1.0.4へ送信

- 2016/03/01 evil.c、10:07:08～10:07:20の間 evil.c、evil2.c、実行ファイル削除（コマンドヒストリから）
- 2016/03/01 10:07:20 アカウント admin がログアウト（ログイン記録から）

削除されたファイルは、evil.cおよびevil2.cを復元できた。

コンピューターの保全

フォレンジックでは、調査対象のコンピューターに不用意に変更を加えないようにするため、被害が発覚したときの状態のまま触れずにおきます（保全）。調査でもまずハードディスクの複製を作成してそれを使って調査します。
メモリを調査するため、保全対象でない別のハードディスクにメモリ上の情報を書き出すこと（「メモリダンプ」という）もありますが、ハードディスクの複製よりも難易度の高い作業です。

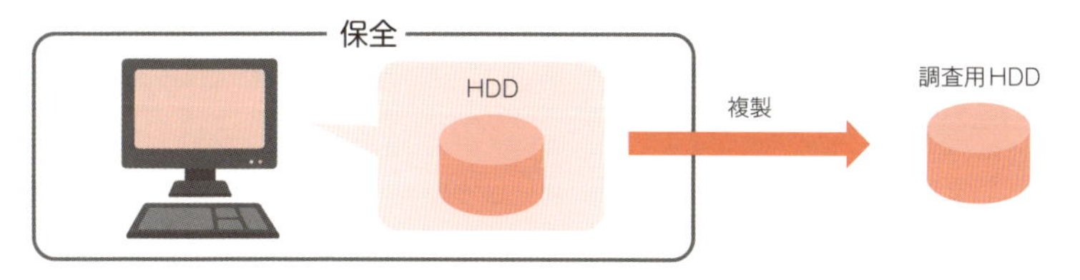

関連用語　静的解析 ▶ p.78　セキュリティ事故対応の4つのフェーズ ▶ p.32

05 パケットキャプチャ

パケットキャプチャとは、用語そのままですが、**パケットをキャプチャ（取得）する作業**です。ここでいう「パケット」とは、**ネットワークを流れるデータ**を指すことが多いですが、場合によってはUSBバスを通るデータをキャプチャすることもあります。

● パケットキャプチャ用のツール

パケットキャプチャを行えるツールとして古くから使われているものには、たとえば、Linux環境では**tcpdump**（ティーシーピーダンプ）があります。Windows環境では、Microsoftから「**ネットワークモニター**」が提供されていますし、それ以外にも**WinPcap**（ウィンピーキャップ）や**Win10Pcap**（ウィンテンピーキャップ）なども利用可能です。ただし、WinPcapやWin10Pcapはそれぞれが単体で使用されることはあまりありません。通常は**Wireshark**（ワイヤシャーク）などのツールがこれらをライブラリとして使用して、パケットキャプチャを行います。

● パケットキャプチャを行うのに必要なもの

パケットキャプチャ用のツールを動かすのに特別な道具はいりません。上記のツールがあれば、パケットを取得できます。ただしこの場合、取得できるパケットには「**ツールが動作しているコンピューターが受信できる通信データのみ**」という制限があります。もし、特定のネットワーク上を流れるあらゆるデータを取得したい場合は、通信データを複製できる「**ミラーポート**」と呼ばれる機能が搭載されているネットワークスイッチが必要になります。

なお、パケットキャプチャを行うと、ネットワーク上を流れるあらゆるデータを取得できるため、**すべての通信内容を把握できる**ように思えるかもしれませんが、そのようなことはありません。VPN(Virtual Private Network)通信などの**暗号化通信**では、**データが暗号化されている**ため、パケットキャプチャによって通信データを取得できてもその内容を解読することはできません。暗号化されているデータを解読するには、復号するための鍵（p.36）を入手するか、または別の手段を使うことが必要です。

プラス1　WinPcapはWiresharkなどとともに配布されますが、Win10PcapはWinPcapとは別に日本の技術者により開発されており、配布も単体で行われています。

イメージでつかもう！

パケットキャプチャとは

ネットワークでやり取りされているデータはパケットという入れ物を使って送受信されています。パケットキャプチャでは、これを調査のために取得します。

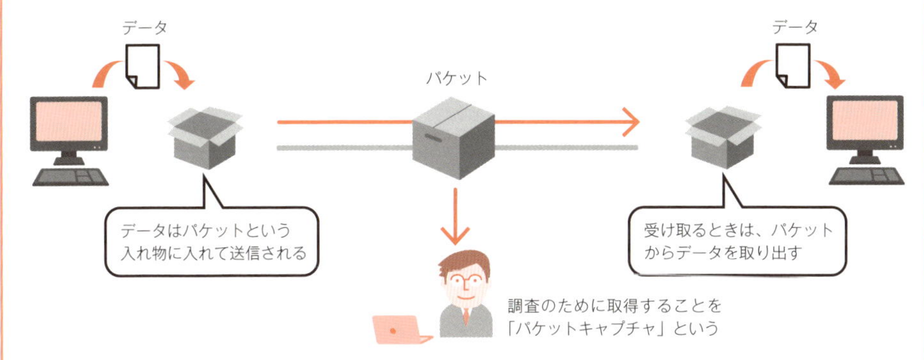

スイッチのミラーポートからキャプチャする

ミラーポートの設定機能を備えたスイッチを使うと、特定のネットワークに流れるパケットを複製してキャプチャすることができます。

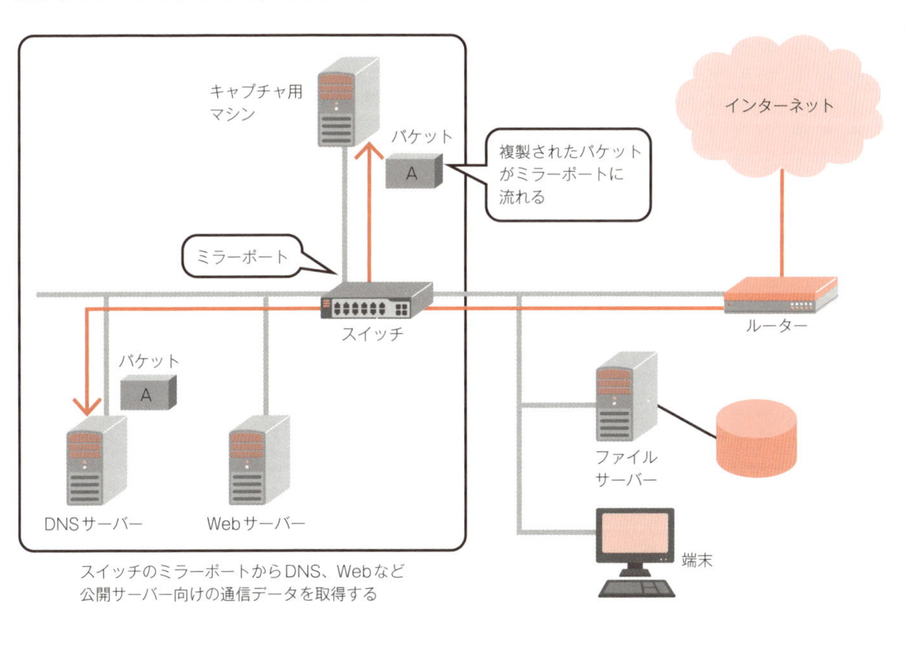

スイッチのミラーポートからDNS、Webなど
公開サーバー向けの通信データを取得する

Chapter 3 攻撃を検知・解析するための仕組み

関連用語　パケット ▶ p.62　VPN ▶ p.156　暗号 ▶ p.36

06 SIEM

SIEM(シーム)(Security Information and Event Management) は、**各種ログを総動員して解析し、セキュリティ上の脅威となる事象を検知する仕組み**です。元々は **SIM**(Security Information Management) と **SEM**(Security Event Management) という別々の仕組みでしたが、両者を合わせて SIEM という仕組みになりました。

SIEM が行うのは、ログの収集・管理と脅威分析支援

SIEM は、情報 (Information) の収集・管理を行い (**SIM 部分**)、収集した情報の分析を行って、脅威となる事象 (Event) の検知支援を行います (**SEM 部分**)。

SIEM では通常、各種ログに残っている情報を利用することが多いのですが、**収集・管理対象となるログを残すのは SIEM ではなく、導入済みの機器**です。たとえば、ルーターやファイアウォール、インターネット接続用のプロキシサーバーなどが、ログを残す機器の一例です。

SIEM の導入は、脅威の検知と抑止につながる

SIEM を導入することによって情報の収集や管理が効率的に行えるようになると、ログに残る不正行為を確認しやすくなるため、**不正行為を早期発見**できるようになります。また、**不正行為の抑止**にもつながります。

また、SIEM による脅威の検知支援は、**インシデントの予兆を知るために役立ちます**。不正行為やインシデント (p.32) は、いずれも組織にとっては脅威に分類されるので、SIEM を導入・運用することは「**脅威の検知と抑止**」につながります。

ただし、SIEM はただ導入すればよいというものではありません。SIEM はあくまでも「仕組み」であるため、日常的にその仕組みを利用することが必要です。**SIEM の効果が出るか否かは日常運用にかかっている**、といっても過言ではありません。SIEM を日常運用に組み込み、脅威が検知された後の対応も併せて考えていくことが大切です。

イメージでつかもう！

SIEMとは

SIEM は、SIM（情報の収集・管理）と SEM（脅威となる事象の検知支援）という 2 つの仕組みを合わせたのもです。

SIM

複数の種類のログを収集して、一元的に管理します。たとえば、以下のログが収集対象になります。

- Webサーバーログ
- DNSサーバーログ
- プロキシサーバーログ
- ファイアウォールログ
- スイッチのログ
- ファイルサーバーログ
- 端末上のログ

SEM

事前に設定した監視・確認ルールに従って、複数のログの記録を組み合わせて分析し、管理者に通知します。たとえば、以下のようなルールが考えられます。

- 不審に見えるアクセスを、監視・確認ルールに設定する
- プロキシサーバーログによって、外部に対する不審な通信が確認されたら、ログから端末を特定し、端末から不審なアクセスが事前に行われたかを確認する

SIEMの仕組み

ファイアウォール、スイッチ、プロキシサーバー、メールサーバー、その他の各種ログを収集し、悪意ある通信その他の挙動を特定します。

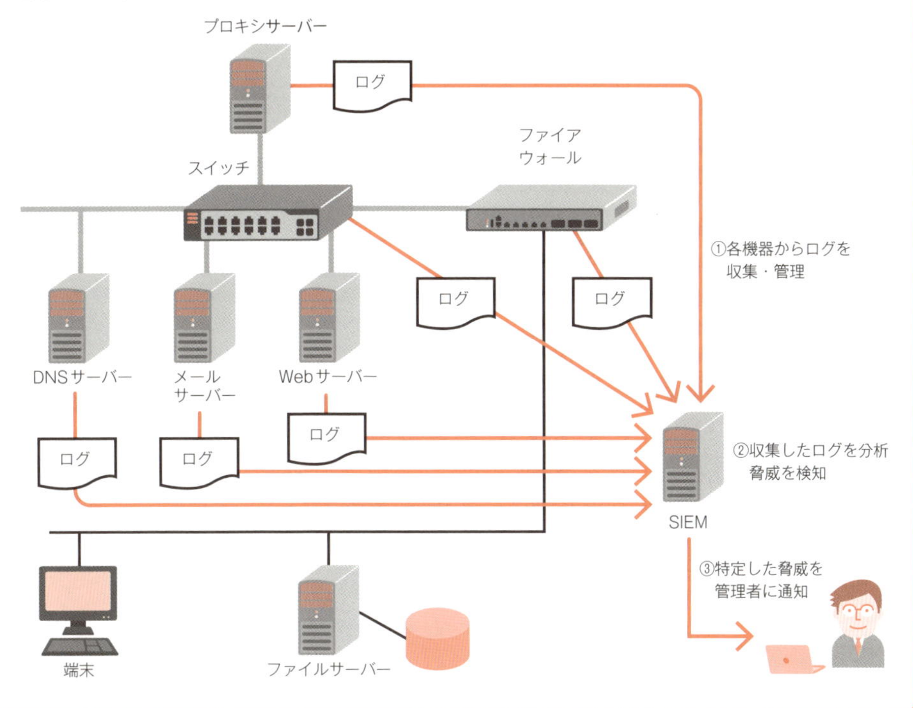

関連用語 各種ログ ▶ p.68　ファイアウォール ▶ p.148　プロキシサーバー ▶ p.152
インシデント ▶ p.32

07 ハニーポットとハニーネット

ハニーポットとは

ハニーポット（Honeypot）とは、美味しい蜜が詰まっている壷のことです。セキュリティの世界では、攻撃者から魅力的に見える**攻撃対象に見せかけた囮（おとり）コンピューター**の意味で使われます。

多くの場合は脆弱な本物の環境に見せかけた偽物の環境をハニーポットにしますが、偽物環境を見破るような攻撃者もいるため、そのような攻撃者に対応するために脆弱な本物の環境を用いることもあります。

ハニーネットとは

ハニーネット（Honeynet）は、**ネットワークに侵入した攻撃者の挙動を観測するための仕組み**であり、ハニーポットと語感は似ていますが、まったくの別物です。

ハニーネットの構成要素にはいろいろな技術がありますが、基本はネットワークに入り込んだ攻撃者の挙動をつぶさに取得するためのハードウェアやソフトウェア類を組み合わせてハニーネットを構築します。

ハニーポットもハニーネットも構築・運用にはノウハウが必要

ハニーポットもハニーネットも、攻撃者の挙動を観察するためには有用なものですが、裏を返すと**攻撃者に自分の環境を自由に触らせることと等しい**ため、高度なノウハウが必要です。自分の環境だけが触られるのはよいのですが、第三者の環境は触られないよう、ハニーポットやハニーネットの構築・運用を行う必要があります。

Honeynet Projectは情報の宝庫

ハニーポットやハニーネットを扱うのであれば、一度 **Honeynet Project** の Web サイト（http://www.honeynet.org/：英語）を確認するのがよいでしょう。Honeynet Project は、ハニーポットやハニーネットの構築・運用に必要なツール類を開発したり、運用のノウハウを文書化して公開したりしています。

プラス1 Honeynet Projectの日本語サイトはありませんが、成果物の一部である「Know Your Enemy」の翻訳が有志により公開されています（http://sec.vogue.is.uec.ac.jp/projects/honeynet/kye）。

イメージでつかもう！

ハニーポット

ハニーポットは、攻撃者をおびき寄せるためのコンピューターです。

ハニーネット

ハニーネットは、攻撃者の挙動を観測するための仕組みです。監視カメラが設置された部屋をイメージするとよいでしょう。

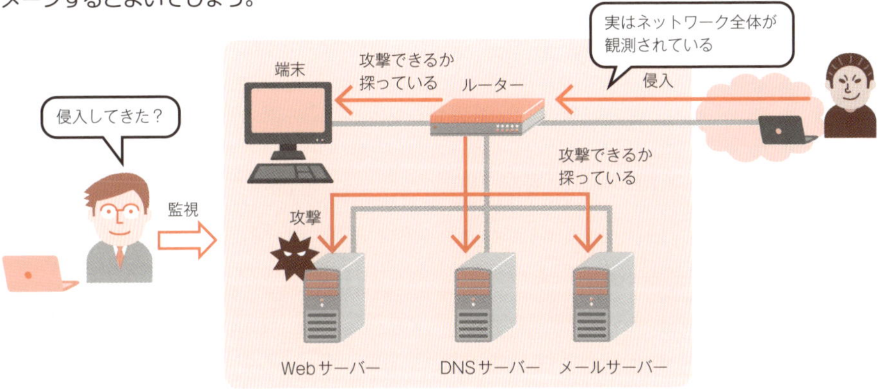

危険・リスクもある

危険・リスクの例

囮の端末が乗っ取られないように注意して運用しないと、囮が攻撃の踏み台にされる危険性もあります。

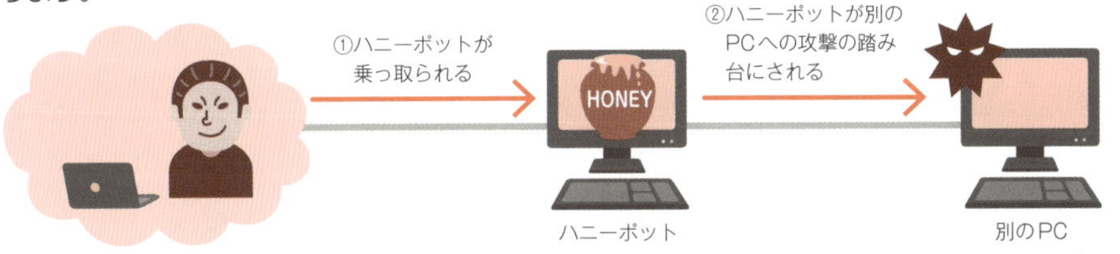

関連用語　攻撃者 ▶ p.90　脆弱性 ▶ p.92

COLUMN

敵を知る

■ 敵を知るための方法を知ることは、セキュリティ対策に有用

本章では、攻撃の観測や解析のための技術を中心に説明を行いました。セキュリティの考え方や、対策のための観点を述べた後に、「さぁ防御！」と思うところで肩透かしを食らった気分の方もいらっしゃることでしょう。

でも、何も知らずにやみくもに防御をする前に、「敵を知るためにはどのような方法があるのか」を知っておくことが必要です。

■ 完全に守れるとは思うな

敵を知るための方法を知っておくことで、防御一辺倒に動くよりも対策の幅が出てきます。たとえば本章で述べたSIEMは、設置したからといって攻撃者からシステムや組織を守れるわけではありません。SIEMが役に立つのはむしろ「攻撃者が何かを仕掛け始めた」ときであり、そのようなときの動きをとらえ、どこの時点までさかのぼって動きを確認するかを考えるときです。

鉄壁な防御であればあるほど、突破されたときは「なぜ？」「どうして？」と思うでしょう。しかし、そのようなときに攻撃を観測・検知・解析する仕組みや技術があることを知っていれば、その後にやるべきことを考えることができます。「捕獲して調査」というのは、間違いなくやるべきことの１つです。

■ 全部自前で行う必要があるか？

本章で述べた内容は、必ずしも自前で全部まかなう必要があるものではありません。どの程度まかなう必要があるか？ というのは、負担できる費用や在籍している要員のスキルセット、そして自組織／会社がどのような役割を担っているかによって変わってきます。

敵を知る方法をどこまでそろえるかは、自組織がどのレベルまで対応する必要があるか？ ということに強く関連することは理解しておいてください。

Chapter

4

セキュリティを脅かす存在と攻撃の手口

攻撃者はどうやって攻撃を仕掛けてくるのでしょうか。本章では「脆弱性」「マルウェア」といったセキュリティ分野でよく使われる用語とともに、攻撃者の狙いや行動パターンを確認していきます。

01 攻撃者

攻撃者とは、**さまざまな意図や目的を持ってシステムやソフトウェアなどを攻撃する者たち**です。なお、暗号強度の検証を目的として、暗号の解読や暗号化アルゴリズムの脆弱性の検証を行う研究者のことを攻撃者と呼ぶ場合もありますが、このケースについては本書では述べません。

攻撃者の目的は「カネ」と「機密情報」

上記では「さまざまな意図や目的を持った攻撃者がいる」と書きましたが、攻撃者の目的はこの10年で変化してきており、**最近の攻撃者の目的は、その多くが「カネ」もしくは「機密情報」**です。

カネを目的とする攻撃者の多くは個人もしくは犯罪グループであるといわれており、通常は、不特定多数の対象者に対して「**バラマキ型の攻撃**」を仕掛けます。バラマキ型攻撃では、不特定多数の人がアクセスするWebサーバーに悪意あるコンテンツを書き込むなどして攻撃を仕掛けます。

一方、**機密情報を目的とするのは、一部の国家や企業など**であるといわれており、通常は、「欲しい情報を持っていそうな対象者」に対して「**標的型攻撃**」を仕掛けます。標的型攻撃では、狙った組織に対して悪意のあるメールを送付したりします。

このように、攻撃者の目的によって、攻撃者の主体や攻撃方法が異なるのが現在の潮流です。一口に「攻撃者」や「攻撃方法」といった場合にも上記のような特徴があるので覚えておいてください。

攻撃に利用される主なツール

攻撃者は多くの人が利用するツールを使って攻撃を仕掛けてきます。代表的なものは「**メール**」と「**Webサイト**」です。メールの場合は、マルウェア（p.94）を添付したメールや、有害なサイトのURLが記載されたメールを送りつけてきたりします。また、よくアクセスされるWebサイトを改ざんすることもあります。

プラス1 バラマキ型攻撃と標的型攻撃は、時に使われる道具が同じになることがあります。最初の攻撃で収集した情報を確認した結果、標的型攻撃を仕掛けるということも十分ありえます。

イメージでつかもう！

攻撃者が欲しいものは？

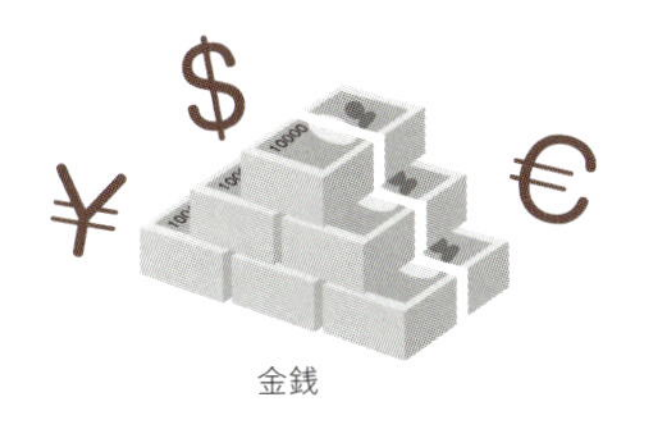

金銭

大事に守られている機密情報

バラマキ型攻撃 不特定多数の人がアクセスするWebサーバーに悪意あるコンテンツを書き込むなどして、広い対象に仕掛ける攻撃をバラマキ型攻撃と呼びます。

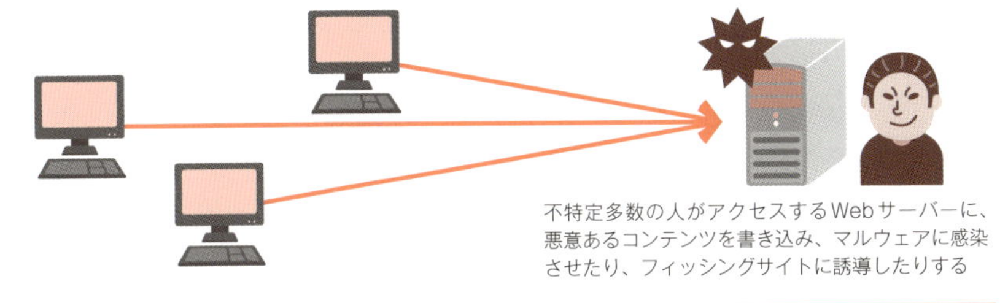
不特定多数の人がアクセスするWebサーバーに、悪意あるコンテンツを書き込み、マルウェアに感染させたり、フィッシングサイトに誘導したりする

> **フィッシングサイト：**攻撃者が、たとえば銀行のサイトを偽装して構築したサイトです。多くは攻撃対象が保有する機密情報（銀行のサイトであれば、決済情報など）を窃取するために用いられます。

攻撃者はどう仕掛ける？

標的型攻撃 狙った相手に応じた内容の攻撃ツールを用いて、相手が気付かないように仕掛けられる攻撃を標的型攻撃と呼びます。

狙った組織に対して悪意のあるメールの送付などを行う

攻撃者は、常日頃から攻撃方法や攻撃先を探索している

関連用語　暗号 ▶ p.36　標的型攻撃 ▶ p.106　マルウェア ▶ p.94

02 脆弱性

セキュリティ関連のニュースなどでよく聞く「脆弱性（ぜいじゃくせい）」とは何でしょうか。脆弱とは「弱い」という意味であり、セキュリティ用語としての脆弱性とは「**システムやソフトウェアのセキュリティ上の弱点**」を指します。

脆弱性とバグの違い

システムやソフトウェアの欠陥は一般に「**バグ**」と呼ばれていますが、その欠陥が「**ある特定の攻撃に対してのみ、欠陥として作用する**」場合には、特に脆弱性と呼ばれます。「欠陥として作用」とは、具体的には、システムやソフトウェアの作成者・所有者が**意図していない挙動をすること**を意味します。

脆弱性に関する欠陥は、システムの開発・テスト段階では「**欠陥としての挙動**」として現れないことが多いため、一般的なバグのように簡単に検出することは不可能です。このため、事前に脆弱性をなくすためには、**脆弱性検査テスト**や**ペネトレーションテスト**（p.134）のような、実際の攻撃に近いデータを投入するテストを実施する必要があります。しかしそれをもってしても、実運用前にシステムの脆弱性を完全に排除することは不可能に近いといっても過言ではありません。

脆弱性の取り扱いに関する注意点

世の中に出ているソフトウェアやシステムの脆弱性は、見つけたらすぐにみんなに教えてあげたほうが、世のためになると考えがちですが、事はそう単純ではありません。対策方法が確立されていない脆弱性を公開すると、悪意を持った者がその脆弱性を突いた攻撃をする可能性があります（このような未対策の脆弱性に対する攻撃を「**ゼロデイ攻撃**」といいます）。**日本では、一般人が脆弱性を見つけた場合は、まずは情報処理推進機構（IPA）に届出をすることになっています**。報告された脆弱性の公開時期については、対策側（開発者）と調整して決定されます。このように、不用意な攻撃を生まない仕組みになっています。

プラス1 脆弱性の影響を評価する方法に、0～10までの数値（10に近いほど危険）で評価を行う共通脆弱性評価システムCVSS（Common Vulnerability Scoring System）があります。

イメージでつかもう！

脆弱性とは

フェンスを設置すれば、普通の人は入ってはいけないと理解するので、通常の状況では欠陥（バグ）として作用することはありませんが、悪意のある攻撃者なら梯子をかければ侵入できるという弱点（脆弱性）を突いてくるでしょう。

通常の状況では欠陥にはならない

特定の攻撃に対しては欠陥となる

脆弱性の例

たとえば、空欄に埋める言葉を選択して文章を完成させる「おたより作成」アプリに脆弱性があったとします。攻撃者はそれを悪用して選択肢には存在しない「お金がほしい」という文章を入力することで、アプリ作成者の意図しない出力を得ることができます。

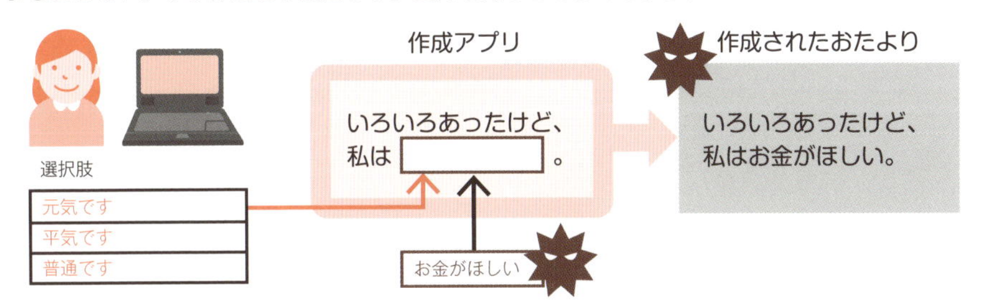

ゼロデイ攻撃

対策方法が確立される前に脆弱性だけを公開してしまうと、その脆弱性を突いて攻撃される可能性があります。そのため、すぐに脆弱性を公開することがよいとはいえません。

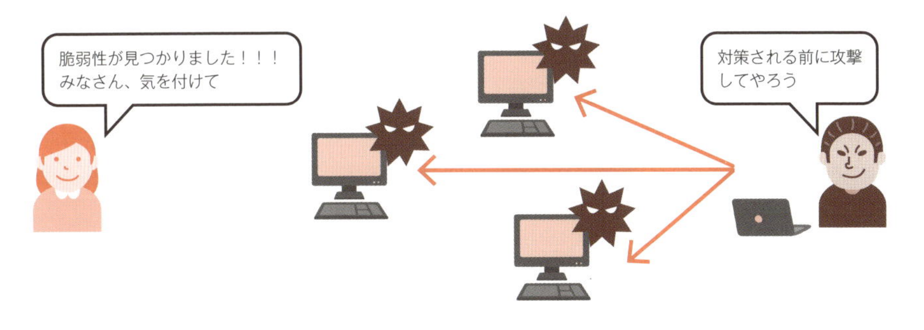

関連用語　ペネトレーションテスト ▶ p.134　情報処理推進機構（IPA） ▶ p.180　パッチ ▶ p.60
マルウェア ▶ p.94

03 マルウェア

マルウェア（Malware）は「Malicious Software」の略であり、日本語に訳すと「**悪意あるソフトウェア**」となります。つまり、マルウェアとは、**ウイルスやワームのような「使用者の意図しない動作を行い、損害を与えるソフトウェア」の総称**です。

マルウェアが行うこと

上記のように、マルウェアは「損害与えるソフトウェアの総称」であるため、一口に「マルウェア」といった場合でも、**そのマルウェアが行う攻撃の内容はさまざまです**。情報を窃取するものもあれば、情報を破壊するものもあります。

たとえば、最近流行している「**ランサムウェア**」（p.122）は、ユーザーのコンピューター上に保存されている文書や画像などを**勝手に暗号化**して利用できなくしたうえで、ユーザーに対してそれを解除するための**身代金**を要求するマルウェアです。

マルウェアはどこから来るのか

マルウェアは、あらゆる手段を使って、さまざまな経路からあなたに近づいてきます。その一例を紹介します。

- Web ブラウズ時にマルウェアをダウンロード・実行させられる
- 迷惑メールの添付ファイルを開くとマルウェアが実行される
- 脆弱性を悪用したプログラムが実行される
- 攻撃者が不正ログインしてきてマルウェアを実行する

マルウェアから自身を守る方法

あなたのコンピューターがマルウェアに侵害されないようにする方法は意外なほどにシンプルであり、基本的なことばかりです。たとえば「**素性のわからない添付ファイルは実行しない**」「**セキュリティソフトウェアを有効にする**」「**パッチを適用してソフトウェアを最新化する**」などです。こういった基本的な対策を地道に行うことで、マルウェアから身を守ることができます。

プラス1 CVE（https://cve.mitre.org/）など、世界の脆弱性を公開しているサイトがあるので、自分の製品のバージョンに脆弱性があるかは比較的簡単に調べられます。

イメージでつかもう！

さまざまなマルウェア

バンキングトロージャン

バンキングトロージャンは、ID、パスワード、決済用の秘密情報（例：乱数表の情報全部）といったオンラインバンキングを利用するための情報を不正に持ち出そうとする情報窃取型のマルウェアです。

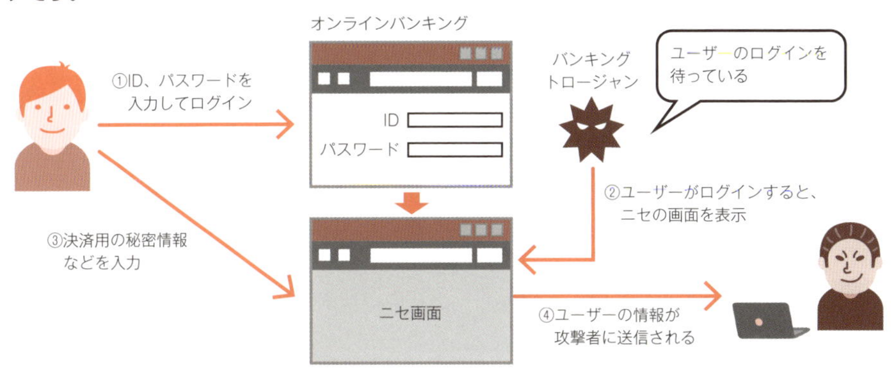

リモートアクセス型トロイの木馬

リモートアクセス型トロイの木馬（Remote Access Trojan：RAT）を使って外部からコンピューターに不正に侵入し、遠隔操作により重要情報を盗んだりします。

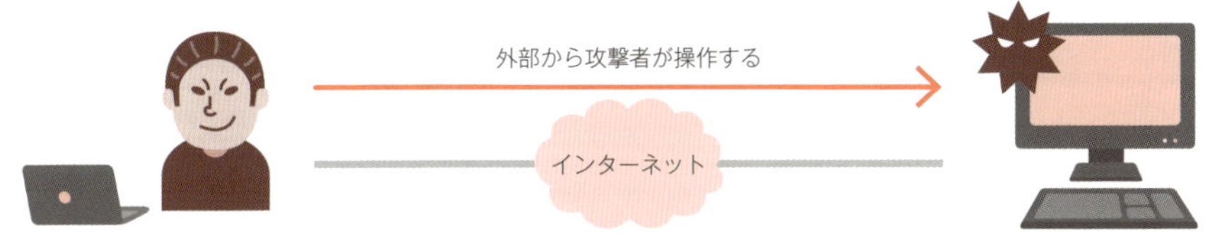

ランサムウェア

ランサムウェアは、データを暗号化して使えなくしたうえで身代金を要求します。

関連用語
ランサムウェア ▶ p.122　攻撃者 ▶ p.90　脆弱性 ▶ p.92　ウイルス ▶ p.58
パッチ ▶ p.60

04 プラグイン

プラグインは、**ソフトウェアの拡張を第三者が行える仕組み**です。この仕組みはソフトウェアの機能拡張や品質向上において非常に便利ですが、反面、セキュリティ上の脅威になることもあります。

たとえば、現在最も普及しているCMS(Contents Management System)である「WordPress」には多数のプラグインが用意されており、その豊富さもWordPressが人気の理由の1つですが、一方で、**プラグインの脆弱性が攻撃の対象になる事例も多く発生しています**。

● プラグインは元のソフトウェアよりも攻撃対象になりやすい

ソフトウェアの開発元も、**ソフトウェア本体の脆弱性は迅速に対処できても、プラグインにまでは目が届かない**ことがあります。第三者が提供しているプラグインにいたっては品質の担保はできません。このため、**脆弱性への対応という面で見ると、ソフトウェア本体よりも、プラグインのほうが不十分になることがあります**。

私たちは、上記のことを理解したうえで、プラグインを利用する際には、ソフトウェアの構成をきちんと把握したうえで、プラグインのアップデートもきちんと行うようにします。こういった日々の運用が、一見すると地味ですが有効な対策といえます。

● プラグインの悪性化

プラグインそのものの脆弱性以上にやっかいなのが「**プラグインの悪性化**」です。プラグインの悪性化とは「**最初はまともな開発者が提供していたプラグインが、いつの間にか開発元が悪意のある開発者に変わり、その後、プラグインをアップデートすることによって、マルウェアなどが追加される現象**」です。

悪性化したプラグインが有効になっているということは、Webブラウザが乗っ取られていることと等しいのでとても危険です。**悪性化は専門家でも把握するのが難しい**のですが、「**開発者が変更されていない**」「**信用ある会社や開発者が手掛けている**」ことを確認することで、ある程度のリスク低減が可能です。そこを確認するのが困難な場合には、使わないようにするしか方法はありません。

プラス1 CMS(Content Management System：コンテンツ管理システム)は、Webコンテンツの作成・更新や運用などを統合的に管理するシステムのことです。

イメージでつかもう！

プラグイン

プラグインとは、あるソフトウェア（ブラウザなど）に便利な機能を追加できる仕組みです。

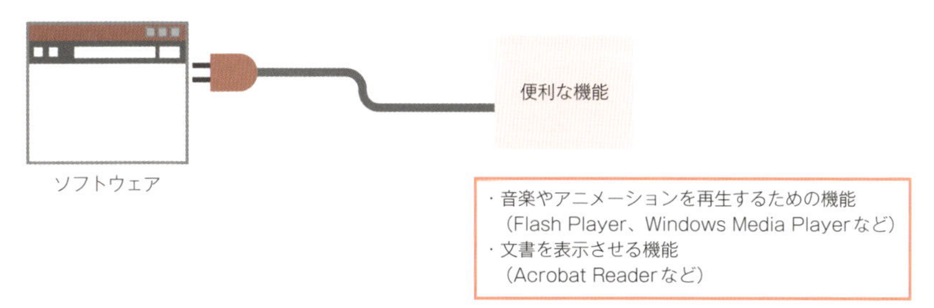

プラグインの脆弱性に対抗するには

ソフトウェア開発元であっても、プラグインにまでは目が届かないことがあります。プラグインのアップデートや無効化はきちんと行いましょう。

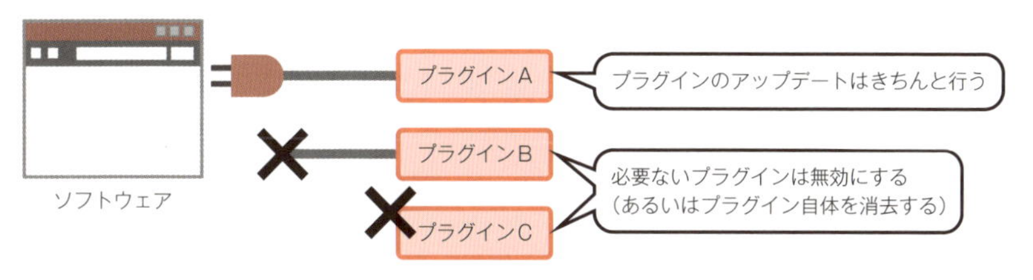

プラグインの悪性化とは

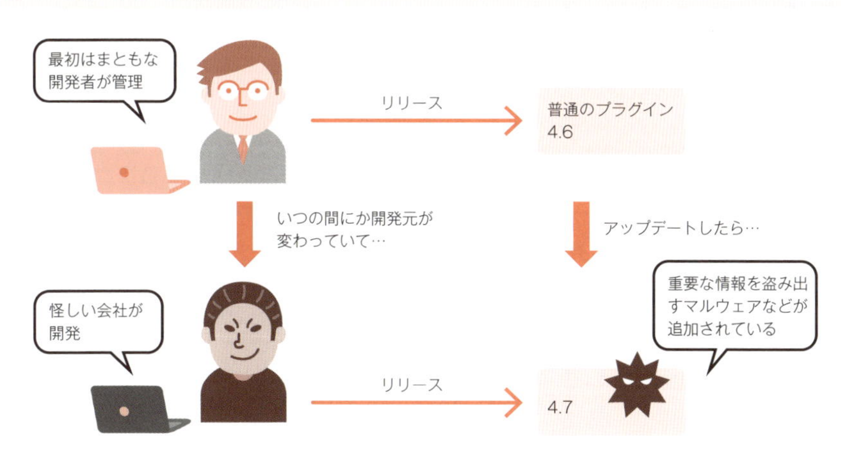

関連用語 脆弱性 ▶ p.92

05 ブルートフォース攻撃

ブルートフォース攻撃の「**Brute Force**」とは、直訳すると「**強引な**」という意味になります。このため、ブルートフォース攻撃は、セキュリティ用語の文脈では「**総当たり攻撃**」という意味で使われます。ブルートフォース攻撃の対象はさまざまですが、よく狙われるのはシステムを利用する際に必要となる**パスワード**や**暗号鍵**です。

● パスワードの文字数・文字種と攻撃への耐性

一般的にパスワードに指定する文字列はシステム側が設定し、ユーザー側に要求しますが、ここで要求される文字数や文字種によって、ブルートフォース攻撃への耐性が変わります。**当然、多くの文字数、多くの文字種を設定できるパスワードのほうが、攻撃への耐性は高くなります**。

たとえば、数字8桁の場合は1億（10^8）通り、英小文字（26種類）が8文字の場合はおよそ2,000億（$26^8 \fallingdotseq 2.08 \times 10^{11}$）通りの組み合わせになります。これらに比べ、数字4桁のパスワードは、1万通りしかありません。このことからはわかるとおり、ブルートフォース攻撃への耐性を高めるためにも、パスワードの文字数や文字種はできる限り制限しないことが望ましいといえます。

● 理論的には解けない暗号鍵は存在しない

ブルートフォース攻撃は「総当たり攻撃」であり、暗号鍵を解く局面では「すべての鍵の組み合わせ」を試すことになります。このため、**理論的には解けない暗号鍵は存在しない**といえます。これは真理ですが、とても重要な側面が1つ抜けています。それが「**暗号鍵を解くのにかかる時間**」です。総当たり攻撃なのでいつかは解けるとして、果たして「いつ解けるのか」が重要です。

たとえば、**鍵長が128ビットで、かつブルートフォース攻撃以外では解けない暗号を破るには、全部でおよそ3.4×10^{30}（2^{128}）通りの鍵の組み合わせを試す必要があります**。この場合、仮に1秒間に1億種類の鍵を試せたとしても、すべての鍵の組み合わせを試すにはおよそ10^{23}年（3.4×10^{30}秒）かかります。この程度の耐性があれば、**十分に安全な暗号である**といえるのではないでしょうか。

イメージでつかもう！

ブルートフォース攻撃とは

パスワードや暗号データなどに対して、すべての組み合わせを試行して強引に解読しようとする攻撃のことです。

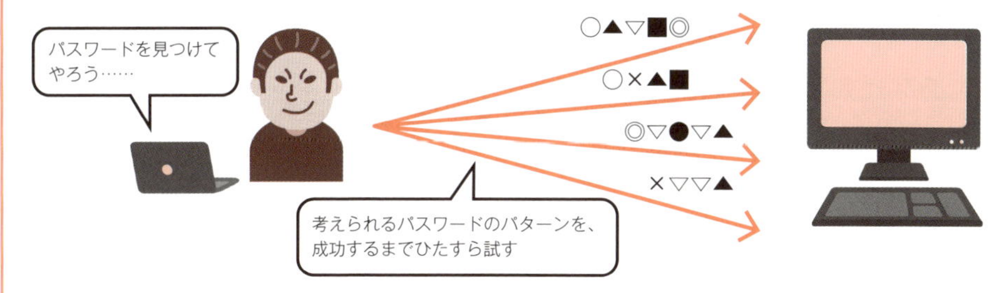

ブルートフォース攻撃の例

例1：考えられるすべてのIDとパスワードの組み合わせを試行する

すべての可能性を総当たりで試すので、パスワードに使える文字種や文字数によって、組み合わせの数が変わります。
たとえば数字4桁のパスワードの場合は1万（10^4）通り、数字8桁の場合は1億（10^8）通り、英小文字(26種類)が8文字の場合はおよそ2,000億(2.08×10^{11})通りの組み合わせがあります。

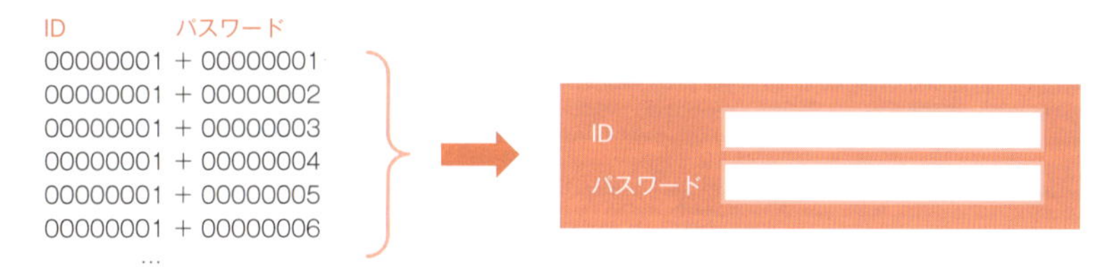

例2：暗号化データに対し、すべての鍵の組み合わせを試行する

鍵長128ビットのAES暗号化データを解読しようとする場合、考えられる鍵データの組み合わせはおよそ34×10^{30} (2^{128}個) となります。

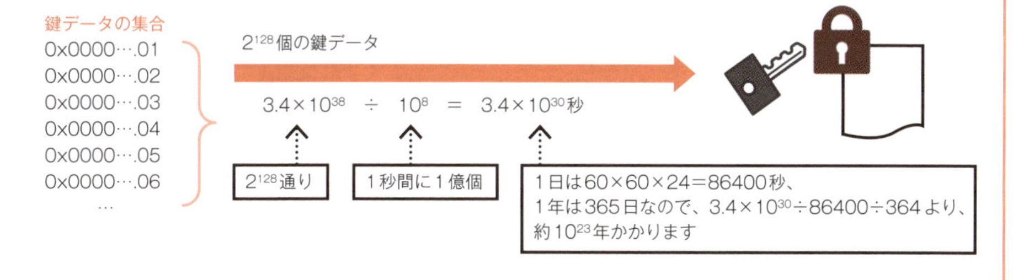

関連用語 パスワード ▶ p.42 共通鍵暗号 ▶ p.136 公開鍵暗号 ▶ p.138

06 DoS/DDoS

あなたも加害者？ DoS/DDoSとは

DoS(ドス)**(Denial of Service attack：サービス妨害攻撃)**とは、ターゲットとなるWebサイトに**集中アクセス攻撃**を仕掛けるなどして、Webサイトをダウン、またはサービス不能にさせる攻撃です。多数の端末を操って行う場合は**DDoS**(ディードス)**(Distributed DoS：分散型DoS)**といいます。

DDoS攻撃には、脆弱性パッチを当てないまま、使わずに放置されているパソコン（**ゾンビPC**）や、パスワードがデフォルト値のまま放置されているネットワーク機器（Webカメラなど）が利用されます。みなさんのパソコンも知らず知らずのうちにDDoS攻撃に加担しているかもしれません。

ゾンビPCがボット化し、命令に従い一斉襲撃

攻撃者はゾンビPCなどの脆弱性を利用して、マルウェア（p.94）に感染させることによって**ボット化（自動的に攻撃をする端末）**させます。マルウェアに感染した端末は、攻撃者が用意した**C&Cサーバー**と呼ばれるサーバーとの通信を確立します。C&CはCommand & Controlの略で、端末をコントロールし、命令を下すサーバーです。C&Cサーバーは、支配下に置いた多数のボットに対し、ターゲットとなるWebサイトに「○○時○○分に攻撃始め！」というように**決めた時刻に一斉攻撃を行う**ように命令をします。

DoS/DDoS対策

DoS/DDoSは攻撃を受ける側からすると、一般には対応が難しくなりがちです。1つには、**DoSやDDoSが正規のアクセスにおける単なる負荷集中なのか、攻撃なのか判別しにくい**という点にあります。また、DDoSになると攻撃元を1つに特定できないため、攻撃元からのアクセスを遮断するという対策が、ますます難しくなります。有効な対策としては、**負荷耐性の向上や負荷分散、ボットへの感染防止**などが挙げられます。

プラス1　2016年にはIoT機器を乗っ取り、DDoS攻撃するマルウェア「Mirai」のソースコードが公開され、注目を浴びました。

イメージでつかもう！

DDoSの流れ

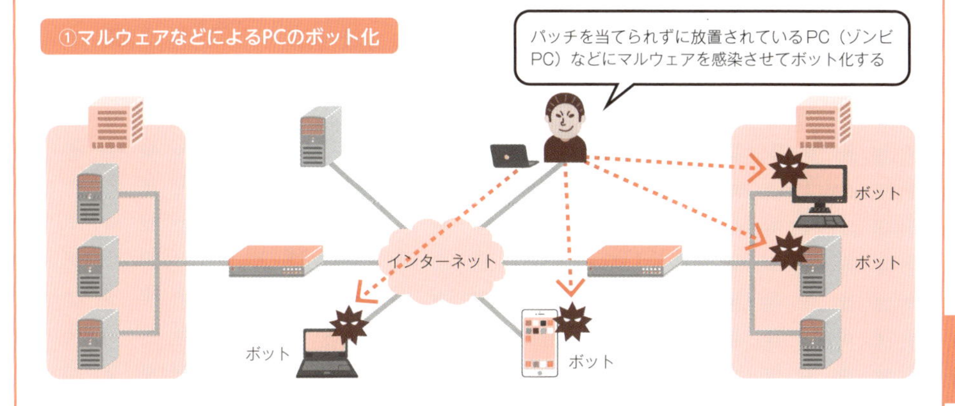

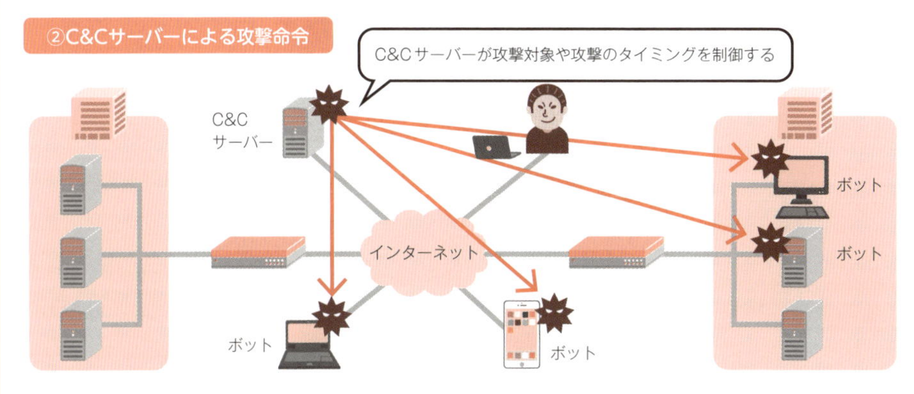

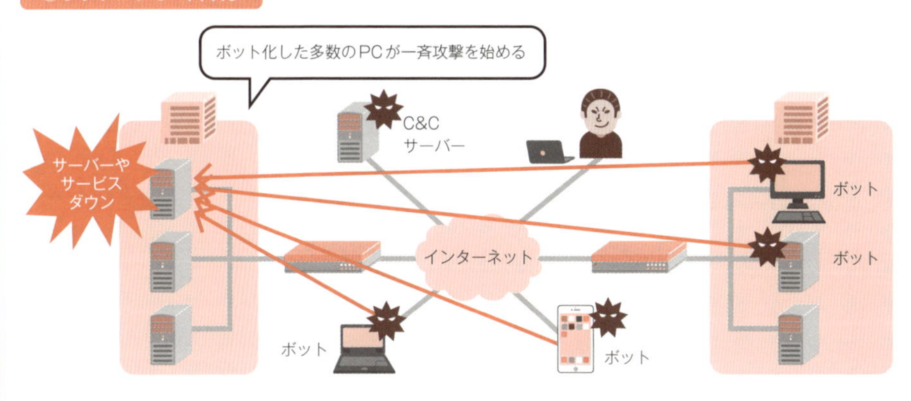

関連用語　パッチ ▶ p.60　攻撃者 ▶ p.90　脆弱性 ▶ p.92　マルウェア ▶ p.94

07 迷惑メール

なぜ迷惑メールが来るのか

最近はパソコンだけでなく、携帯やスマートフォンにも見覚えのないメールが来ます。差出人を見てみると、アドレスを教えたはずのない、聞いたこともない相手で、メールを開いてみると、広告だったり、出会い系サイトへの勧誘だったり……それが1日に大量に届くので、本物のメールを選り分けるだけでも一苦労です。まさに「**迷惑**」メールですね。アドレスを教えていない相手からメールが来る理由として、以下のようなことが考えられます。

(1) **教えた相手から流出**：アドレスを教えた相手が名簿業者にアドレスを売ったり、マルウェアに感染してアドレス帳を流出させたりしている可能性があります。
(2) **ネット上で機械的に収集**：Webページに掲載されているものや検索で得られるアドレスが収集されている可能性があります。
(3) **辞書・総当たり攻撃**：辞書に載っているような単語や、文字の組み合わせを総当たり的に試行します。大変そうに見えますが、大量に作って一気に送りつければいいので、コストはそれほどかかりません。

迷惑メールのさまざまな弊害

迷惑メールは、薬物や出会い系などの広告に使われるだけでなく、最近ではメールに添付ファイルを付けて、開封するとマルウェアに感染するような悪質なものもあります。こういった**マルウェア付きメールは標的型攻撃にも悪用**されます。

迷惑メールを防ぐ術はない？

迷惑メールやメールによる被害を完全に防ぐ方法は、残念ながらありません。特定のドメインの着信を拒否したり、怪しいメールを機械的に選り分けるようなメールフィルタリング機能をうまく使って、できるだけ減らしたりすることが不可欠です。また、怪しいメールの添付ファイルは開かないように注意することが重要です。

イメージでつかもう！

メールアドレスはなぜ知られてしまうのか

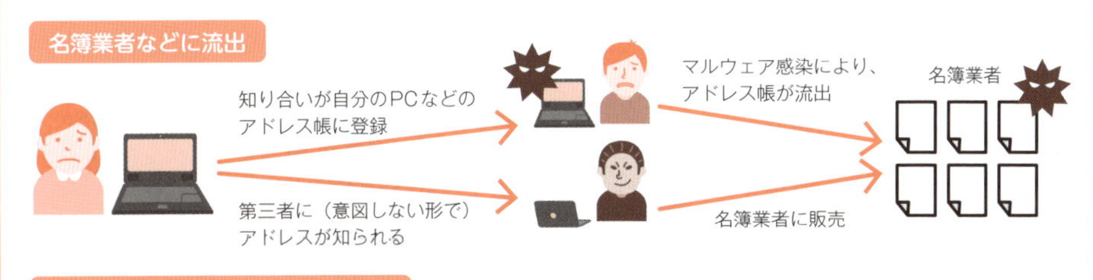

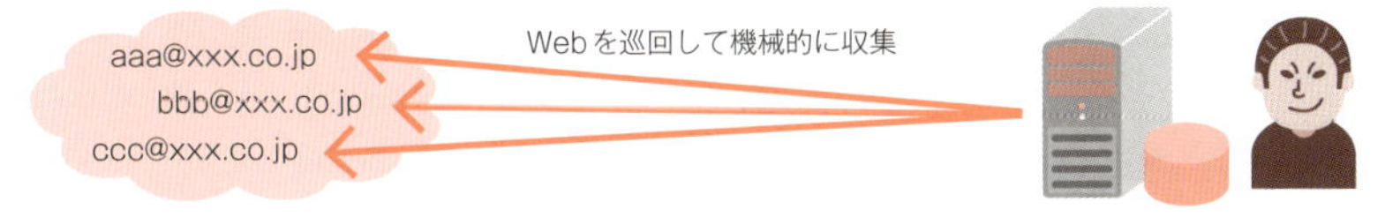

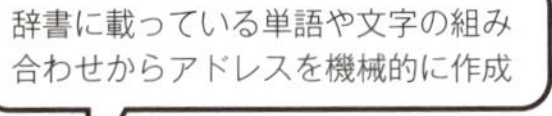

辞書・総当たり攻撃

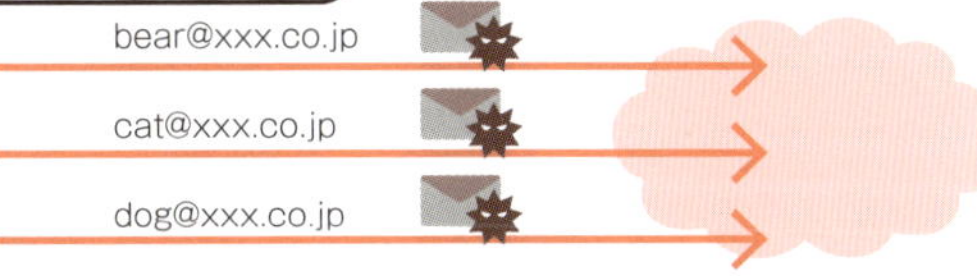

迷惑メール対策：フィルタリング

迷惑メールを完全に防ぐ方法はありませんが、メールフィルタリング機能による削減は可能です。

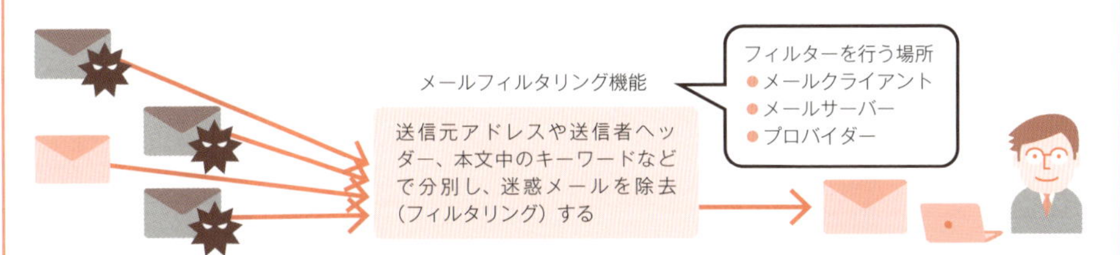

フィルタリングの方法とメリット、デメリット

メールフィルタリング機能には、いくつかの種類があります。

フィルタリングの方法	メリット	デメリット
ブラックリスト（除去するものをリスト化）	・設定が楽 ・誤検知がない	・検出漏れの可能性がある ・更新の手間が面倒
ホワイトリスト（通すものをリスト化）	・検出漏れがない	・通したいものはすべてリスト化が必要
学習（迷惑メールの特徴を学習）	・変化にも柔軟に対応可能	・誤検知の可能性がある

関連用語 マルウェア ▶ p.94　標的型攻撃 ▶ p.106

08 水飲み場型攻撃

水飲み場型攻撃という名称は、ライオンが水飲み場に水を飲みにやってくる動物を待ち構えている様子に由来します。つまり、水飲み場型攻撃とは、**攻撃者（ライオン）が、攻撃対象のユーザー（動物）がよくアクセスするサイト（水飲み場）に的を絞って攻撃を仕掛ける攻撃方法**です。そうすることで、効率よく、より多くの対象者に被害を与えることが可能になります。

水飲み場型攻撃の基本的な流れ

では、どのようにして攻撃者は水飲み場（多くの人がアクセスするサイト）に罠（マルウェアなど）を仕掛け、また攻撃するのでしょうか。具体的には次のような手順でユーザーに危害を加えようとします。

(1) 多くのユーザーがアクセスしているサイト（水飲み場）を特定する
(2) 対象のサイト（水飲み場）に脆弱性がないかを調査し、脆弱性があれば攻撃を仕掛ける
(3) ユーザーは**正規サイトにアクセスしているつもり**で気づかないまま、マルウェアに感染してしまうことになる（ドライブバイダウンロード：p.108）

これが水飲み場型攻撃の典型的な攻撃の流れです。なお、Webサイトの脆弱性を突いて内容を改ざんする際は、後述する**クロスサイトスクリプティング脆弱性**（p.118）や**SQLインジェクション脆弱性**（p.114）などを利用します。

水飲み場は信頼で成り立っている

水飲み場となるサイトは、多くの人が信頼しており、改ざんされているとは露程も思わずにアクセスしています。攻撃者はこの心理をうまく利用します。とはいえ、ユーザーにしてみれば「**あらゆるサイトを信用するな**」というのも無理な話です。結局のところ、水飲み場型攻撃への対応責任があるのは、サイトの提供者です。ユーザーの自己防衛手段としては、マルウェアに感染しないように自身のPCやスマートフォンを適宜アップデートして、常に最新の状態に保つことが挙げられます。

プラス1 攻撃者はさまざまな方法を使って、水飲み場型攻撃をどのサイトに仕掛ければよいかをリサーチします。たとえば、攻撃対象の組織の業務内容や通信パケットなどから行きそうなサイトを推測します。

イメージでつかもう！

水飲み場型攻撃の流れ

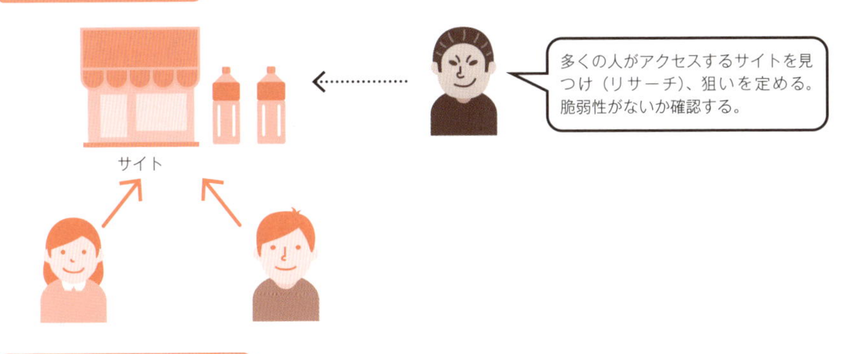

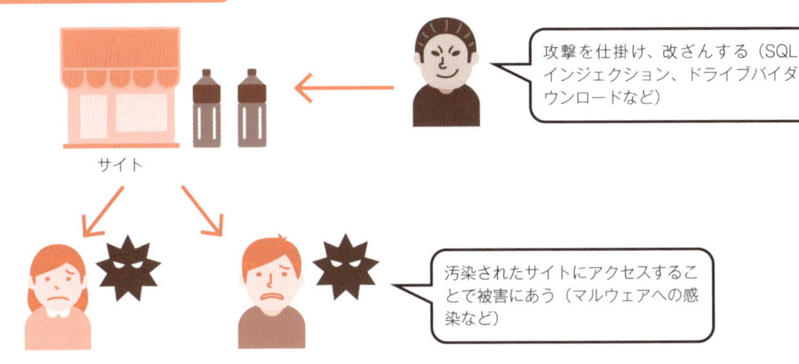

標的型攻撃としての水飲み場

標的になっている組織の構成員がよくアクセスするサイトが水飲み場として狙われることがあります。次のような段階を経て感染に至ります。

攻撃者は、事前にターゲットの組織のメンバーがよくアクセスするサイトについてリサーチする。対象のサイトに脆弱性がないか調べる

脆弱性を突いた攻撃（Webサイトの改ざんなど）により、水飲み場を感染させる

ドライブバイダウンロードなどにより、マルウェアをダウンロードさせて感染させる

関連用語 パッチ ▶ p.60　標的型攻撃 ▶ p.106　ドライブバイダウンロード ▶ p.108
SQL インジェクション ▶ p.114　クロスサイトスクリプティング ▶ p.118

09 標的型攻撃

標的型攻撃とは、**特定の組織や企業を標的にした攻撃**です。一般的なマルウェア（p.94）やバラマキ型攻撃（p.90）と違い、**特定の相手に特化した攻撃**が行われます。標的型攻撃は巧妙でかつ持続的に行われるため、**Advanced Persistent Threat**（APT：高度で執拗な脅威）とも呼ばれます。日本における標的型攻撃は、最初は公共事業や防衛事業を請け負っている組織や企業が対象でしたが、最近では日本年金機構への標的型攻撃（2014 年）など、一般の組織へも広がってきています。

● 標的型攻撃の手順と特徴

典型的な標的型攻撃は以下の 4 ステップで行われます。

① 公開されているアドレスに標的型メール［その 1］を送り、マルウェア A に感染させる
② マルウェア A を用いて、組織内部のアドレスを得る
③ 組織内部のアドレスに向けて、標的型メール［その 2］を送信し、マルウェア B に感染させる
④ マルウェア B を利用し、目的の情報を得る

標的型攻撃が巧妙という例は、たとえば**標的型メール**にあります。標的型メールでは対象となっている組織でやりとりしがちなメールの件名や文面を付けることで、受け取った人がついうっかり添付ファイルを開いてしまうように仕向けられています。ちなみにもしメールを開いてしまうと、パソコンがマルウェアに感染し、次の**内部調査**へのきっかけになってしまいます。

● 標的型攻撃にあわないようにするには

標的にならないようにすること、それは簡単ではありません。ただ、標的型攻撃はステップが 4 段階もあるので、**各段階で検出や防護ができるようにすること**が重要です。

プラス 1　日本年金機構の事例は、どのような標的型攻撃が行われたか比較的詳細に後を追うことができる数少ないケースです。

イメージでつかもう！

標的型攻撃の典型例

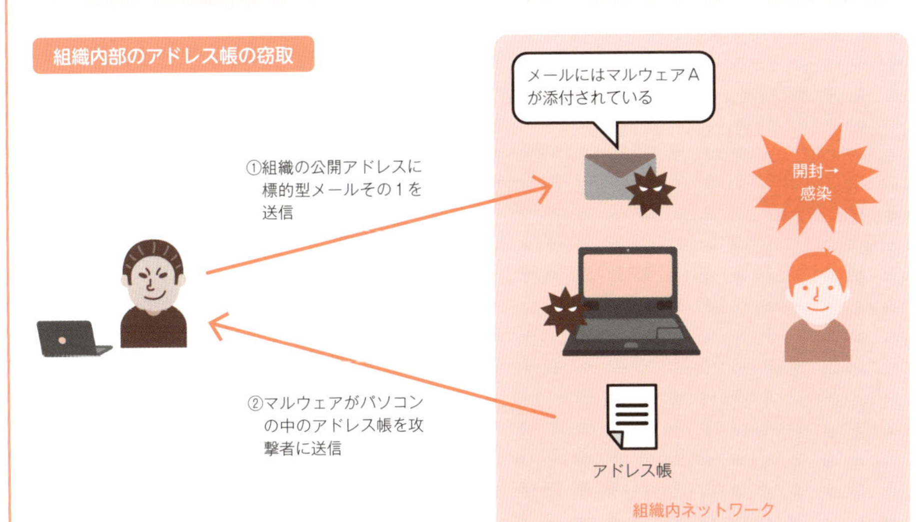

- 組織内ネットワークの調査（攻撃）は、試行錯誤を繰り返し、非常に長い期間行われることがあります。
- 標的型攻撃のメールにだまされないための訓練を行うサービス（実際に組織のメンバーに偽装メールを送って、添付ファイルを開いてしまわないか確認する）もあります。

関連用語　マルウェア ▶ p.94　バラマキ型攻撃 ▶ p.90

10 ドライブバイダウンロード

ドライブバイダウンロードは、**ブラウザなどを経由してユーザーのPCに秘密裏に、かつ強制的にマルウェアをダウンロードし、インストールする攻撃方法**です。

ユーザー側から見ると、普段どおり、いつも使っているブラウザで**正規サイトにアクセスしただけ**でいつの間にか自身のPCがマルウェアに侵されてしまうため、その状況に気づきにくいという特徴があります。このことから、ドライブバイダウンロードは非常に厄介な攻撃方法の1つであることがわかります。

なお、ドライブバイダウンロードでは、効率的に攻撃を仕掛けるために、多くの人がアクセスするサイトにマルウェアを仕掛けることが多いです（このような「多くの人がアクセスするサイト」に的を絞って罠を仕掛ける攻撃する方法を「**水飲み場型攻撃**」（p.104）といいます）。

ドライブバイダウンロードは**現在非常に人気が高く**、DDoS攻撃（p.100）を行うためのマルウェアなど、近年問題となっている**大規模攻撃の手段**としても多く用いられています。

● ドライブバイダウンロードから身を守る方法

ドライブバイダウンロードが実行される主な状況は次の2つです。

(1) Webサイトの脆弱性を突かれてサイトが改ざんされ、マルウェアをインストールするプログラムが組み込まれる（水飲み場型攻撃）
(2) OSやコードの脆弱性を突かれ、マルウェアをインストールされる

（1）に関しては、一般ユーザーにはどうしようもない問題で、Webサイトの提供者が脆弱性を潰すしかありません。一方、（1）の脆弱性があっても、**OSなどに脆弱性がない限り、マルウェアがインストールされることはありません**。

したがって、一般ユーザーとしては、自分のPCやスマートフォンの脆弱性を突かれる可能性を減らすためにも、OSやアプリを日々アップデートすることが、自衛策としては重要です。

イメージでつかもう！

● ドライブバイダウンロード攻撃の典型例

攻撃者はユーザーを罠サイトに誘導し、そのユーザーを介してクロスサイトスクリプティングやSQLインジェクションなどの手段を用いて、多くの人がアクセスするWebサイトを改ざんしてマルウェアをダウンロードするコードやリンクを仕掛けます。改ざんされたWebサイトにアクセスしたユーザーはマルウェアに感染してしまいます。

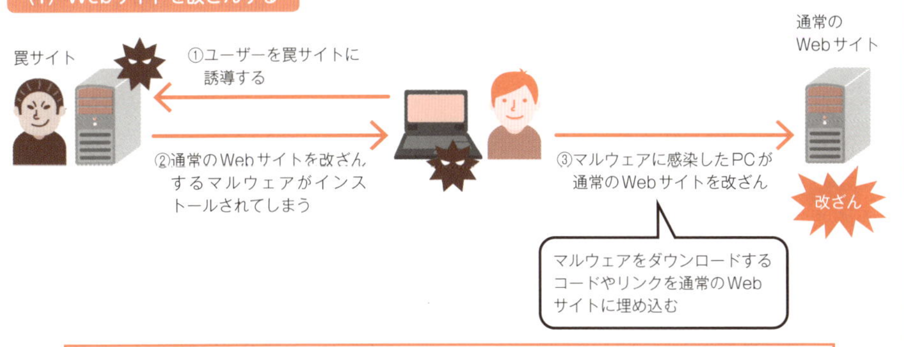

Webサイトの改ざんには、クロスサイトスクリプティングやSQLインジェクションの手法が使われます。

(2) マルウェアに感染させる

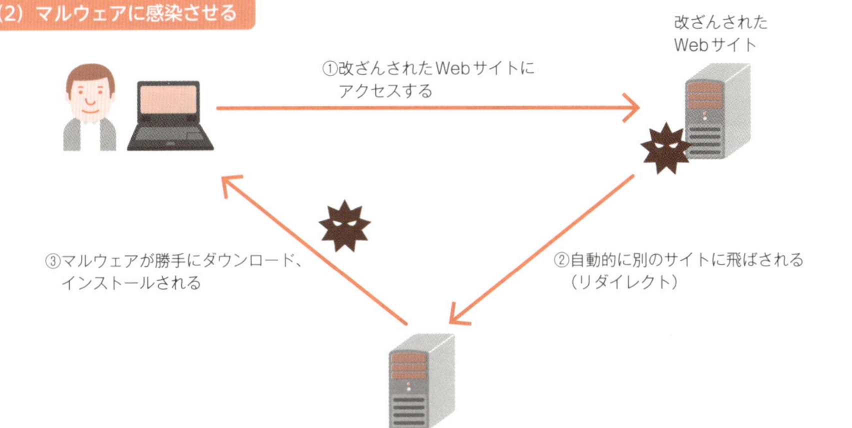

マルウェアをインストールするには管理者権限が必要なため、管理者権限を利用するOSやツールの脆弱性が悪用されます。
→2016年にはAdobe Flash Playerの脆弱性が多用されました。

関連用語 マルウェア ▶ p.94　DDoS攻撃 ▶ p.100　水飲み場型攻撃 ▶ p.104
SQLインジェクション ▶ p.114　クロスサイトスクリプティング ▶ p.118

11 中間者攻撃

中間者 (Man In The Middle：MITM) 攻撃は、通信の中間で攻撃者が通信を傍受し、秘密情報を盗聴したり、場合によっては通信内容をこっそり改ざんしたりする攻撃です。中間者攻撃は**あらゆる種類や形態の 2 者間通信において適用可能**な、汎用的な攻撃です。

● Web アクセスにおける中間者攻撃の例

ブラウザと Web サーバーの間の通信における中間者攻撃の場所は、いくつか想定されますが、**典型的なのはプロキシタイプ**のものです。プロキシは、データの送受信を中継する機能で、組織内からインターネットに接続する際に、アクセス先を制御する目的などで用いられます。しかし、これを攻撃者が使うと、通信データをいったん受け取るのですから、データの内容を見たり、中継先に送信する前にデータの内容を書き換えたりできます。これが、プロキシを使った中間者攻撃です。

● 中間者攻撃を防ぐには

中間者攻撃によって通信を盗聴されないためには、**通信内容を暗号化することが重要**です。攻撃者が中間者攻撃でデータを途中で受け取っても、暗号化しておけば、内容を閲覧されたり、改ざんされたりすることはありません。Web の場合は、**HTTPS**(Hypertext Transfer Protocol Secure) という暗号化通信を使用すれば、データの盗聴は困難になります (p.142)。

また、データの改ざんを防ぐには、通信データに署名を付けて送信し、改ざんを検出するなどの手法が考えられます。

● 公衆無線 LAN での中間者攻撃

昨今増えている**公衆無線 LAN サービス**ですが、公衆無線 LAN を騙ったアクセスポイントを「悪意ある第三者」が設置することで、公衆無線 LAN の利用者が中間者攻撃を受ける懸念があります。VPN を用いて通信路を保護するなど、通信内容を守る方策が重要です。

イメージでつかもう！

中間者攻撃を郵便の盗み見にたとえると…

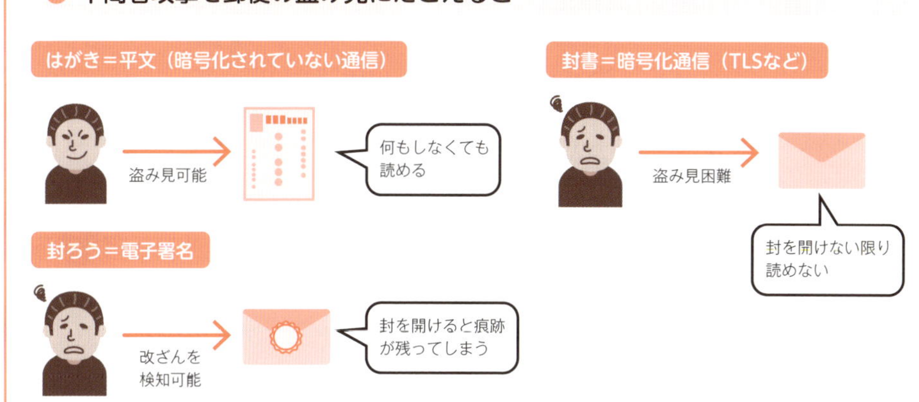

プロキシタイプの中間者攻撃

攻撃者はターゲットのユーザーとサーバーの間に自分がアクセスできるプロキシサーバーを設置し、ユーザーがサーバーと送受信するデータへ不正にアクセスします。プロキシサーバーは攻撃者が自分で用意したり、バッファオーバーフロー（p.112）などの手口で乗っ取ったりします。

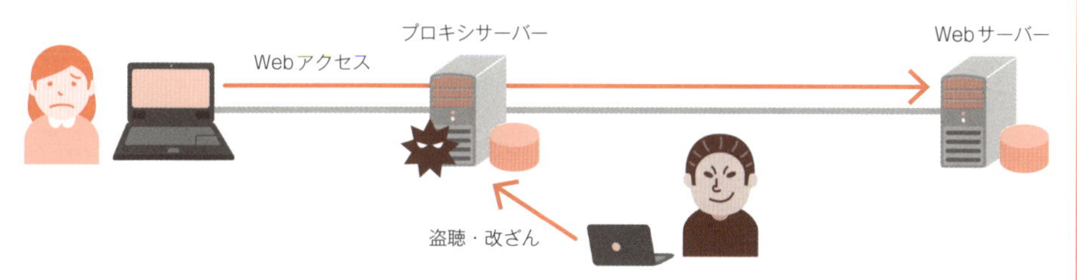

マンインザブラウザ

マンインザブラウザとは、プロキシタイプがブラウザ上に存在する形の中間者攻撃です。マンインザブラウザ型の攻撃では、ユーザーがブラウザ上でやりとりする Webアプリのパスワードが盗まれたり、データが改ざんされ、その結果不正送金などの被害にあったりします。

関連用語　暗号 ▶ p.36　攻撃者 ▶ p.90　TLS ▶ p.142　プロキシサーバー ▶ p.152

12 バッファオーバーフロー

バッファオーバーフローは、**ソフトウェアへの入力を格納する領域（バッファ）をあふれさせる（オーバーフロー）ことで、システムに意図しない挙動をさせる攻撃**です。これにより、アプリケーションやコンピューターをダウンさせたり、コンピューター上で任意のプログラムを実行可能にしたりします。任意のプログラムが実行可能になること（つまり**乗っ取られている状態**）は非常に危険です。

● バッファオーバーフローの仕組み

実行中のプログラムに入力されたデータは、コンピューターのメモリ上に確保されたバッファ（あらかじめ決められたサイズで確保）に書き込まれます。本来、入力データはその確保されたサイズに収まっていなければなりません。ところが**サイズチェックがされていないと、サイズより大きい分のデータは隣接する領域に上書きされる**ことになります。バッファの隣接領域には、コンピューターのプログラムの実行を制御するための番地（アドレス）が書かれていることが多いのですが、典型的なバッファオーバーフロー攻撃では、これを書き換え、攻撃者が実行したいプログラム（乗っ取るためのプログラムコードで「**シェルコード**」と呼ばれ、攻撃者は多くの場合、入力するデータの中に含めます）にプログラムの実行を遷移させます。

● バッファオーバーフローを許す脆弱性と対策

バッファオーバーフローが起きる原因には、入力において**サイズチェックをしていない**ことや、攻撃の対象となるデータ領域で**プログラム実行を許している**ことなどがあります。これらの脆弱性に対する対策としては、**入力データのサイズをチェックする、攻撃者が狙うアドレスの位置をランダムにする、データ領域でのプログラム実行を禁止する**、などがあります。最近の OS ではこれらの対策がなされていますが、100% 守れる訳ではないので、注意が必要です。

プラス1　バッファオーバーフローでは、データの領域でシェルコードを実行させることが多いため、対策方法としてはデータ領域の実行を禁止する方法もあり、Windows などには実装されています。

イメージでつかもう！

バッファオーバーフローが発生する仕組み

攻撃者は、バッファ領域の上限を超えるデータを入力して、データをあふれさせます。これにより、悪意あるプログラムを実行させることができてしまいます。
説明を単純にするため、図では架空の「シェルコード起動ボタン」を登場させていますが、実際には、悪意のプログラムとそれを実行させる仕組みが入力データの中に巧妙に組み込まれています。

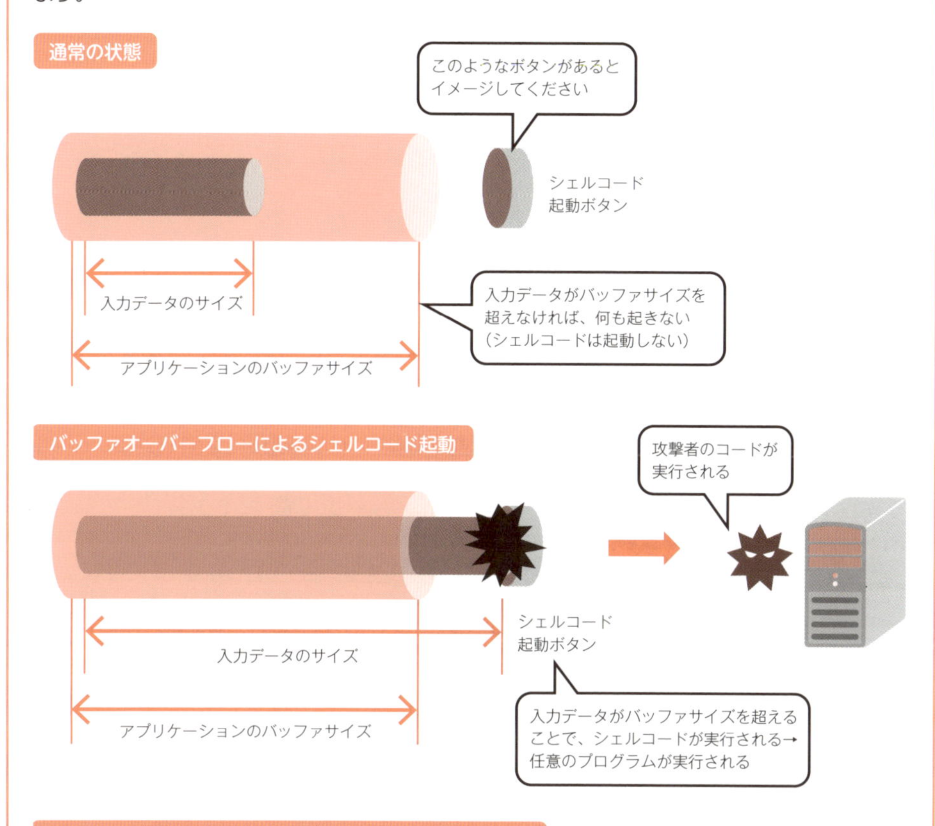

バッファオーバーフローによる被害に遭わないための対策

対策のタイミング	対策内容	効果
データ入力時	入力サイズがバッファを超えていないかチェックする	バッファサイズを超えていた場合に検出されるので、バッファのあふれを防止できる
実行時	シェルコードへの遷移に使われそうなアドレスを不定にする	攻撃に利用できるアドレスがわからないため、攻撃しにくくなる
実行時	データ領域（バッファがあふれて上書きされる領域）でのプログラム実行を禁止する	シェルコードが実行できなくなる

関連用語 攻撃者 ▶ p.90　脆弱性 ▶ p.92

13 SQLインジェクション

SQL（エスキューエル）インジェクションは、**Webアプリケーションへの入力を悪用し、アプリケーションの背後で動作しているデータベースに不正にアクセスする攻撃**です。

SQLインジェクションが成功すると、**攻撃者はほぼ自由にデータベースを操作できるようになる**ため、不正アクセスや、情報の窃取や改ざん、破壊などが可能になります。重要なデータをデータベースに格納していた場合は大きな被害になります。

SQLインジェクションの仕組み

Webアプリケーションの背後には、アプリケーションが参照や更新をするためのデータを提供する**データベース**が用意されている場合が多いです。アプリケーションはユーザーの問い合わせや操作に応じてデータの参照や、更新処理を行うために、データベースに**SQL**という言語で問い合わせを行います。問い合わせは、**SQLのうちのユーザーが入力する部分が穴になったひな型に、入力値を埋めこむ方式**（右ページの図を参照）で行われるため、ユーザーのデータベース操作には制限がかけられています。しかし、**アプリケーションに入力する値を不正に操作することで、SQLの問い合わせの内容を自由に変えられてしまう場合があります**。本来は参照しか許していないのに更新できてしまうと、意図しない情報の改ざんや破壊が起きてしまうのです。

SQLインジェクションを許す脆弱性と対策

SQLインジェクションが起きてしまう原因は、ユーザーの入力によって、データベースへの問い合わせの内容が単なる穴うめの範囲を超えて、自由に変えられてしまう**脆弱性**にあります。変えられないようにする対策としては、入力値を使ってSQL文を組み立てる際に**パラメーターバインド**という機構を使うことなどがあります。

プラス1 パラメーターバインドとは、SQL文を固定にし、空いている箇所にパラメーターを割り付ける方式のことです。この方式にすると文の構文が変えられなくなるので、安全性が向上します。

イメージでつかもう！

SQLインジェクションの例

攻撃者は、入力値を不正に操作し、問い合わせ文（SQL）を自由に変えてしまいます。その結果、情報の窃取や改ざんが可能になることがあります。以下は、その方法の例です。

問い合わせ文

次の条件に一致するユーザーデータをとってきなさい。
ユーザーID=「　　　」で、かつ
パスワード=「　　　」

通常の入力

ユーザーIDに“alice”
パスワードに“XXXX”
と入力する

ユーザーID=「alice」で、かつ
パスワード=「XXXX」という
データが検索される

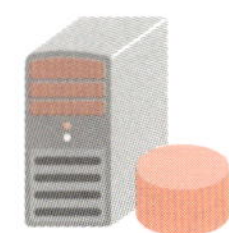

悪意ある入力1

ユーザーIDに“”
パスワードに“」。次に、aliceの
住所をとってきなさい。”
を入力すると…

ユーザーID=「」で、かつパスワード=「」
というデータが検索される。次に、
aliceの住所が検索される

2つの検索が実行され、結果としてalice
のユーザーの情報が得られてしまう！

悪意ある入力2

ユーザーIDに“”
パスワードに“」。次に、データベース
のデータを全消去しなさい。”
を入力すると…

ユーザーID=「」で、かつパスワード=「」
というデータが検索される。次にデータ
ベースのデータが全消去される

検索が実行されたあと、データベース
を消去する処理が実行されてしまう！

関連用語　攻撃者 ▶ p.90　脆弱性 ▶ p.92

14 OSコマンドインジェクション

OS コマンドインジェクションとは

OS コマンドインジェクションは、**SQL インジェクション**（p.114）と同様、インジェクション攻撃の一種です。インジェクション攻撃とは、**アプリケーションへのデータ入力を悪用して、アプリケーションが呼び出す外部システムを意図しない形で操作する攻撃**です。SQL インジェクションの場合は、攻撃対象（外部システム）がデータベースですが、OS コマンドインジェクションでは、攻撃対象が Windows や Linux などの OS（オペレーティングシステム）の**シェル**になります。

シェルは、OS のコマンドを実行する環境です。シェルを不正に操作できるということは、OS が実行できるさまざまなこと、たとえば、（意図しない）ファイルの参照、編集、削除、任意のプログラムの起動などが攻撃者によって可能になるということです。これは、SQL インジェクションと同じくらい影響の大きい、深刻な攻撃です。

OS コマンドインジェクションの実行方法と対策

OS コマンドインジェクションは、**OS のシェルを呼び出すことができるプログラミング言語**（Perl や PHP など）を使ってアプリケーションを構築している場合に起きます。プログラマーは、シェルを使って、ある決められた OS コマンドを呼び出す際に、そのパラメーター（引数）として（入力データを含む）データを追加して渡しますが、パラメーターを渡す方法が、SQL インジェクションの場合と同様、文字列をつなげるだけで行われるため、攻撃者がパラメーターを含むコマンド行全体を意図しない形に変えてしまうような操作が可能になってしまいます（右ページの図を参照）。

OS コマンドインジェクション対策としては、アプリケーションによって入力されたデータを信用せず、OS コマンドの呼び出しに影響を与えそうな文字を、別の無害な文字に変換する方法（**サニタイズ**または**エスケープ**と呼ばれる）があります。

イメージでつかもう！

OSコマンドインジェクション

OS コマンドを呼び出している Web ページの入力フォームなどに不正な入力をすることにより、攻撃者は Web サーバーに意図しない動作をさせることができます。

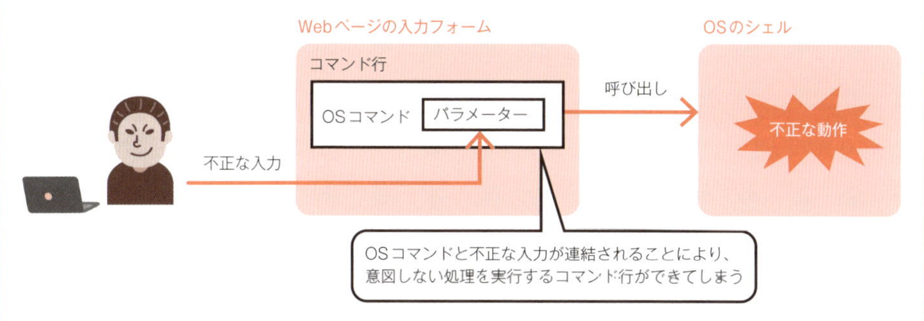

悪用されるOSコマンドの機能

OS コマンドインジェクションでは、OS コマンドが備えている「リダイレクト」「パイプ」「コマンド連結」といった便利な機能が悪用されます。

リダイレクト リダイレクトはコマンドの結果をファイルに出力したり、ファイルの内容をコマンドに入力したりできます。「>」「<」記号が使われます。

意図しないコマンド行

パイプ パイプはコマンドの結果を別のコマンドに入力できます。「|」記号が使われます。

意図しないコマンド行

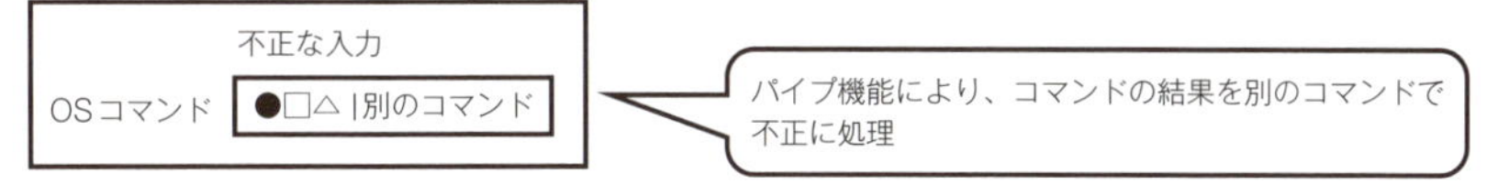

コマンド連結 コマンド連結を使うと、1 行のコマンド行で複数のコマンドを連続して実行できます。Windows では「&」記号、Linux や Mac OS では「;」が使われます。

意図しないコマンド行

SQL インジェクション ▶ p.114　攻撃者 ▶ p.90　脆弱性 ▶ p.92

15 クロスサイトスクリプティング(XSS)

クロスサイトスクリプティング(Cross Site Scripting:XSS)は、一言でいうならば「**動的なWebページやWebアプリケーションの脆弱性を悪用した攻撃方法**」です。動的なWebページとは、ユーザーの入力内容や操作内容に応じて表示内容が変化するWebページです。たとえば、「入力内容の確認画面ページ」の表示内容は、その1つ前の「入力画面ページ」でみなさんが入力した値によって変わります。このことから、入力内容の確認画面ページは動的なWebページの1つといえます。他にも、カートの内容や、新規ユーザーの登録画面などはすべて動的なWebページです。

クロスサイトスクリプティングの仕組みを理解するポイントはいくつかあるのですが、最初に理解しておいてほしいのは、「**悪意をもった攻撃者が直接、みなさんのブラウザ(PC)を攻撃するのではない**」という点です。右ページの図を見てください。段階的には次のような攻撃の流れになります。

① 攻撃者は何らかの方法でユーザーのブラウザに不正なスクリプトを混入する
② ユーザーはそのことに気づくことなく、通常のWebページへアクセスし、データを入力する
③ 入力したデータに不正なスクリプトが混入されているため、Webページはユーザーを攻撃する(ブラウザの情報を不正に流出させる)Webページを戻してしまう
④ 結果的に、ユーザーは悪意のないWebページからの攻撃により、データの破損や流出などの被害を受ける

攻撃者がなぜこのような回りくどい方法をとるのかというと、実はブラウザが持っているデータは、そのデータをやりとりしているサーバーしか取得できないからです(**同一生成元ポリシー**)。そのため、**攻撃者はユーザーが直接やりとりしているWebサーバーを利用する必要がある**のです。

XSSは、動的なWebページやWebアプリケーションが急増した昨今、急激に増加している攻撃方法です。XSSを応用すると、**キーロガー**(ユーザーのキー入力の内容を盗む)のような高度な攻撃も可能になるため非常に危険です。十分に注意してください。

プラス1 Cross Site Scriptingの略記がCSSではなくXSSなのは、HTMLなどの表示方法を定義するCSS(Cascading Style Sheets)と区別するためです。

イメージでつかもう！

XSSにおける登場人物

XSSでは、攻撃者は攻撃対象を直接攻撃するのではなく、通常のWebサーバーを介して攻撃します。

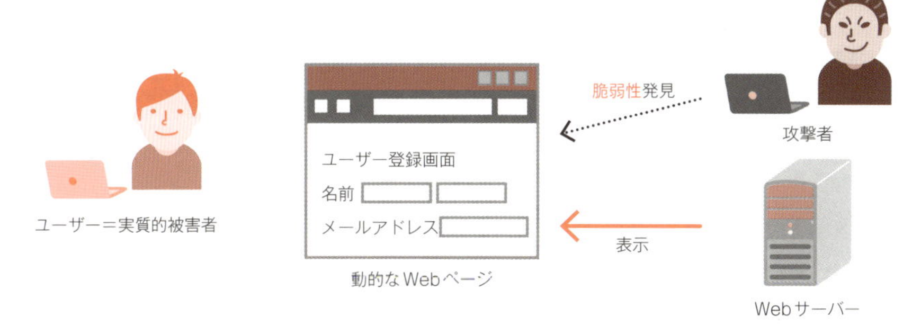

XSSの流れ

罠サイトのページには悪意のスクリプトが含まれており、ユーザーはこれに気づかずに通常のWebサーバーへ送信してしまいます。そして、そのWebサーバーからのレスポンスに含まれている悪意のあるスクリプトによって被害を受けることになります。

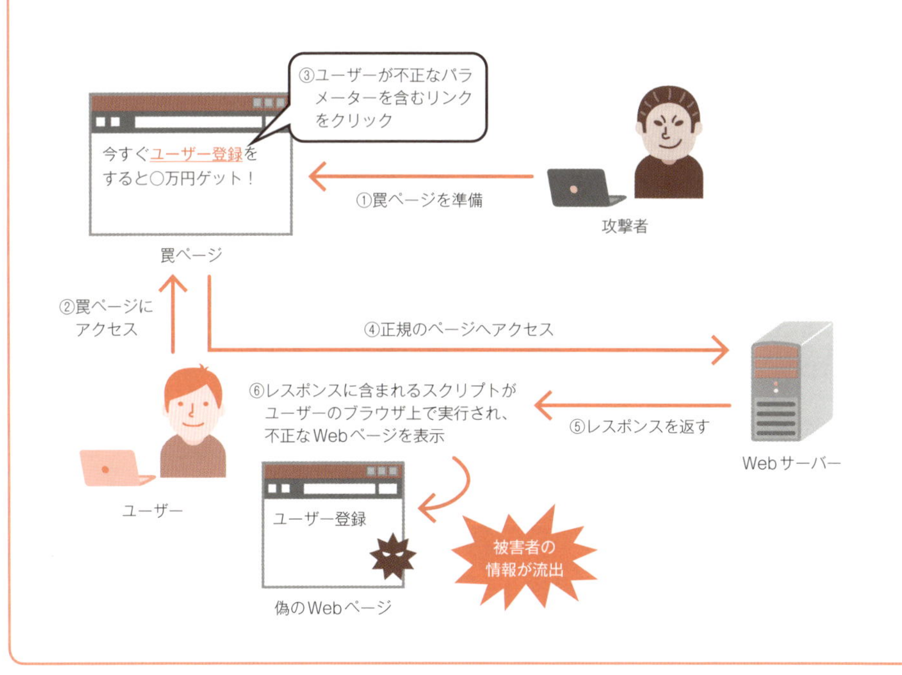

関連用語　攻撃者 ▶ p.90　脆弱性 ▶ p.92　サニタイズ ▶ p.116

16 クロスサイトリクエストフォージェリ(CSRF)

クロスサイトリクエストフォージェリ(Cross Site Request Forgery : **CSRF**)とは、**Webページへの要求(リクエスト)を偽造(フォージェリ)することで「正当な認証済み利用者」になりすまして処理を実行する攻撃手法**です。CSRFの具体的な攻撃方法については右ページの図を参照してください。

この攻撃手法の特徴としては、攻撃者はユーザーを攻撃するにあたり、正当な認証済み利用者になりすますため、「**認証を突破する必要がない**」ところにあります。このため、CSRFにおいては、パスワードの複雑さや堅牢さはセキュリティ対策にはなりません。

● CSRFは結構怖い

CSRFでは主に、**認証が必要な重要な機能(パスワード変更、決済、掲示板の書き込みなど)が狙われます**。パスワードが盗まれると、以降はその人になりすましてログインできるので、その結果、アカウントを乗っ取ることができ、さらなる被害につながります。また、現実に2012～13年の一連の遠隔操作事件(2ちゃんねる、大阪府、横浜市などの複数の掲示板に殺害予告、脅迫などの書き込みが行われた事件)のうち、横浜市に対する脅迫の書き込みは、CSRFによって行われました。

CSRFでは、サイトへの要求(リクエスト)が、攻撃者からでなく、**知らずに踏み台になっている正規利用者**から送信されるため、その正規利用者が実行犯と見なされる危険があります。実際に遠隔操作事件では、踏み台になった利用者が誤認逮捕されるに至ったのは記憶に新しいところです。

● CSRFを許す脆弱性と対策

一般ユーザーにとって、CSRFの攻撃対象にならないようにする防御手段としては、「**怪しいWebサイトにはアクセスしない**」「**脆弱性のあるWebサイトは使わない**」ぐらいしかありません。WebサイトやWebサービスの開発側としては、**偽造されたリクエストを判別・検出するための機能の実装**がCSRF対策として考えられます。

イメージでつかもう！

CSRFの流れ

CSRFでは、Webページへのリクエストを偽造することで、正当な利用者になりすまして処理を実行させせます。攻撃者が認証を突破する必要はありません。

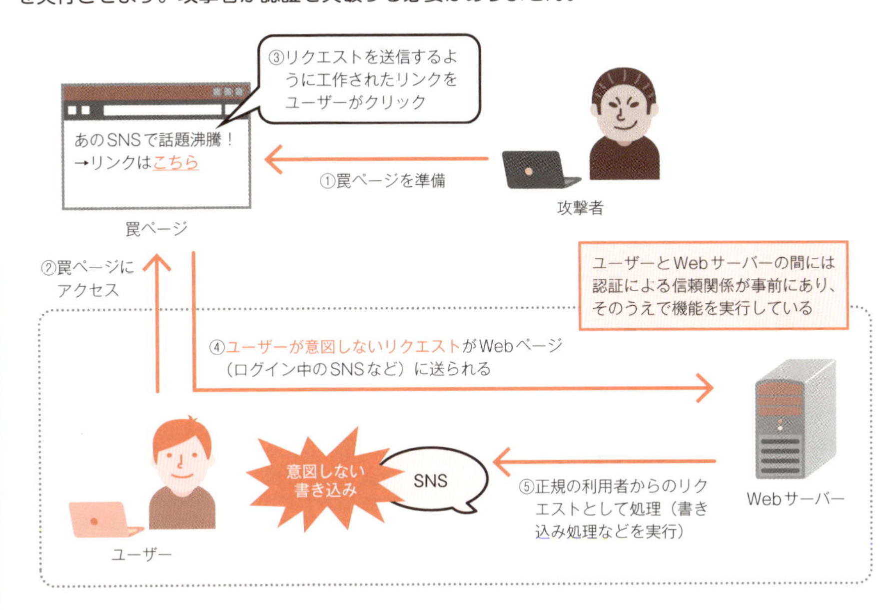

攻撃者は認証を突破する必要がない

認証済みのブラウザは、リクエストに自動的に認証情報（cookieなど）を付けて送信してしまいます。

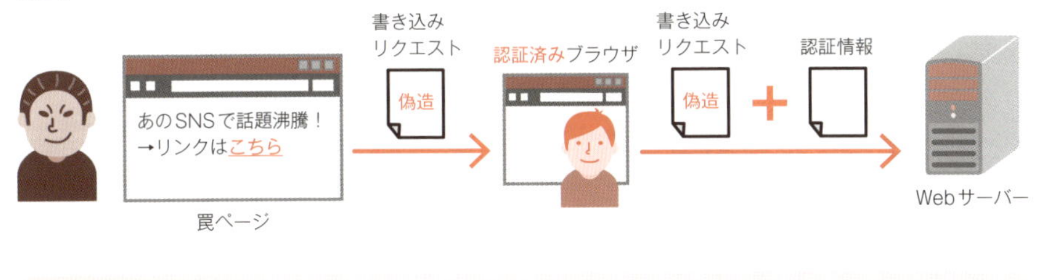

CSRFの対策

ユーザー	●怪しいWebサイトにはアクセスしない ●脆弱性のあるWebサイトは使わない
開発側	●重要な処理の実行前に、パスワード確認処理などの承認処理を入れる ●偽造されたリクエストを判別・検出する

関連用語 パスワード ▶ p.42　攻撃者 ▶ p.90　脆弱性 ▶ p.92

17 ランサムウェア

2016年あたりから、**ランサムウェア**というマルウェアが世間を騒がせています。2017年5月には、「WannaCry（ワナクライ）」という名前のランサムウェアの感染により、世界中で7万台以上のパソコンが被害を受けました。

● ランサムウェアとは

ランサムウェアとは、感染させた人のコンピューターのデータを人質にとることにより、身代金（**ランサム**）を要求するマルウェアです。人質のとり方は、感染させたコンピューターのデータを暗号化して読めなくしてしまうことで行います。現代の暗号化技術では、暗号化を解く（復号する）鍵がなければ、自力で暗号を解くのはほぼ不可能です（p.138）。ランサムウェアの仕掛け人はこの点を悪用して、「身代金を払えば、暗号化したデータを復号して見えるようにしてやる」と脅してきます。

ランサムウェアの攻撃対象はパソコンだけではなく、スマートフォンなどが感染する場合もあります。典型的な感染の経路は、標的型攻撃（p.106）でも使われる電子メールです。ランサムウェアが添付されたメールをうっかり開いてしまうと、感染してコンピューター上のデータが暗号化され、見ることができなくなります。

● ランサムウェアへの対処

では、もしランサムウェアによってデータを見ることができなくなってしまったら、復号してもらうために身代金を払うべきでしょうか？ これは2つの理由で**払うべきではありません**。1つは、払ったとしても復号してもらえる保証がないこと、もう1つは、払ったお金がサイバー攻撃をしているような犯罪者たちの資金源になってしまうことです。

まず、予防策として「**怪しいメールの添付ファイルを開かない**」「**OSやアプリケーションを常に最新の状態に更新する**」などを行ったり、感染時の対策として「**ファイルを定期的にバックアップする**」などを行うのがよいでしょう。暗号化されてしまったデータは諦めるしかありませんが、大事なデータは、バックアップをとっておけば、システムをリカバリした後で再び使うことができます。

イメージでつかもう！

ランサムウェアの手法

ランサムウェアはマルウェアの一種です。感染するとデータが暗号化され、復号と引き換えに身代金が要求されます。

②ディスクの暗号化

③身代金の提示

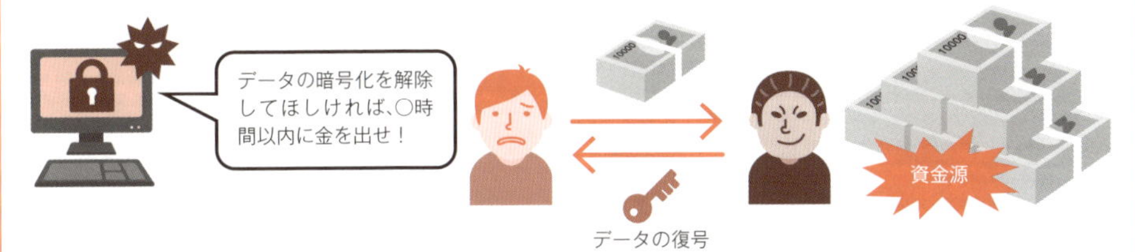

ランサムウェアの予防・対策

ランサムウェアによってデータを見ることができなくなったとしても、身代金は払うべきではありません。事前に予防策を実施したり、感染した場合の対策を実施しておきましょう。

対策	理由
怪しいメールの添付ファイルを開かない	ランサムウェアへの感染を防止できる
OS やアプリケーションを常に最新の状態に更新する	脆弱性を悪用される危険性を減らすことができる
ファイルを定期的にバックアップする	ランサムウェアに感染してしまった場合も、システムのリカバリ後にファイルを利用できるようになる

関連用語 マルウェア ▶ p.94　暗号 ▶ p.36　公開鍵暗号 ▶ p.138　標的型攻撃 ▶ p.106

COLUMN

脅威と防御

■セキュリティ上の脅威が何であるかを知ることで、守り方を考える

本章では、セキュリティを脅かす要素を説明しました。「これらがなければいいのに」と思うのは、きっと筆者だけではないはずですが、残念ながら本章で説明したようなものは実在します。

もちろん、「プラグイン」のように、本来は悪いものではないものでも、昨今の事情により脅威になってしまうものもあります。

本章で述べたのは、あくまでも「典型的な脅威」を例示したにすぎません。時折「なぜこれが？」というようなものが脅威になること、そしてそのような脅威を知ることで、守り方が変わっていくことも頭に置いておいてください。

■本章で「人」の要素を扱わなかった理由

よく「人」が最大の脆弱性などと呼ばれますが、本章では人に着目したセキュリティは（あまり）力を入れて語っていません。これは、「人」という要素をあえて説明から排除することで、人「以外」の要素を意識していただくことを主眼に置いたためです。もちろん「人が最大の脆弱性である」というのは筆者も痛感しており、特に内部不正系のニュースなどを見ると、その思いを再認識するのですが、最初から「人」という要素を前面に押し出すと、手詰まり感が醸成されるのもまた事実です（例：人が原因なのだから何をやっても無駄だ）。

しかしそれは、（一見正しいように見えて）すべての脅威を「人」に押し付け、他の対処方法を見えなくする罠ともいえます。

できる対処を打ったところで、「人」関連の脅威が入り込む余地がどこにあるか、そしてその脅威がどの程度大きいものなのか？ を計ることで、何の脅威対策もしないところで「人」関連の脅威に対処するときよりも、格段に小さい範囲で「人」関連の脅威に対処することが可能になります。脅威を洗い出すときには「人ありき」ではなく、他の要素も強く意識したうえで「人」を考えるようにしてください。

Chapter

5

セキュリティを確保する技術

本章ではセキュリティを確保するためのさまざま技術を解説します。たとえば大事なデータを守るためには、「アクセス権を与えない」「暗号化する」「物理的に持ち出せないようにする」など、さまざまな側面から対策がされています。

01 セキュアOS

セキュアOSとは、**従来のOSよりもセキュリティ的に強化されたOSの総称**です。一般には次の2つの特徴を持っています。

(1) **MAC**(Mandatory Access Control：**強制アクセス制御**)

従来の多くのOSに採用されている**DAC**(Discretionary Access Control：任意アクセス制御）では、オブジェクト（ファイルなど）の**所有者**が、各オブジェクトへのアクセス権限を設定できます。

一方、MACでは、オブジェクトの所有者ではなく、**管理者**がセキュリティポリシーを保持し、オブジェクトのアクセス権もコントロールします。このためMACでは、管理者から権限を付与されていなければ、所有者であってもオブジェクトのアクセス権限を変更することはできません。このようにすることで、より堅牢にシステムを守ることが可能になります。

(2) **最小特権**

Linuxなど UNIX系のOSでは通常、管理者アカウント（rootユーザー）に**ありとあらゆる権限**（システム上では何でも実行できる権限）が与えられていますが、セキュアOSではこのような万能アカウントは使用せず、**作業を行うために必要な最小の権限を一時的に与える**ようにします。

上記のように、セキュアOSは、通常のOSと比べ、より安全にはなっていますが、その反面、**権限管理が複雑になる**という課題も残っています。セキュリティ的には優れていますが、決して万能なOSではないということは覚えておいてください。

● 代表的なセキュアOS

代表的なセキュアOSには、Linuxの強化版である**SELinux**(エスイーリナックス)(Security-Enhanced Linux）や**TOMOYO Linux**(トモヨリナックス)があります。

プラス1 セキュアOS以前にはTrusted OSというOSがありました。基準は米国防総省が決め、軍用システムや高い機密性が要求される政府機関のシステムで採用されているといわれています。

イメージでつかもう！

アクセス制御の２つの形：DACとMAC

（1）DAC（Discretionary Access Control：任意アクセス制御）

従来の OS で広く採用されている DAC では、各ユーザーは所有するファイルへのアクセス権限を自由に変更できます。

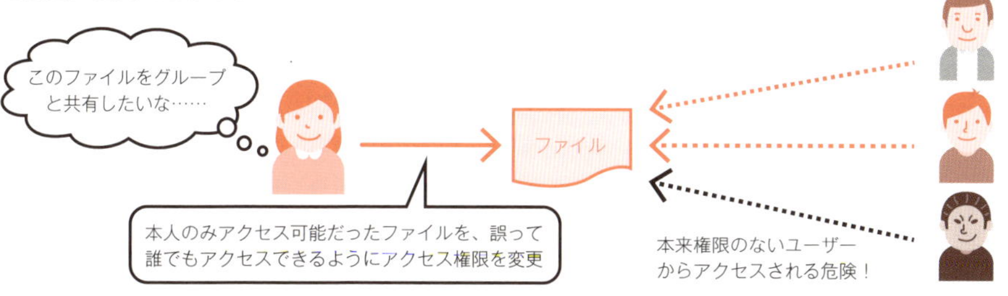

（2）MAC（Mandatory Access Control：強制アクセス制御）

セキュア OS では MAC を採用します。MAC では、各ユーザーはファイルなどのアクセス権限を自由に変更できません。管理者がセキュリティポリシーに従って設定します。

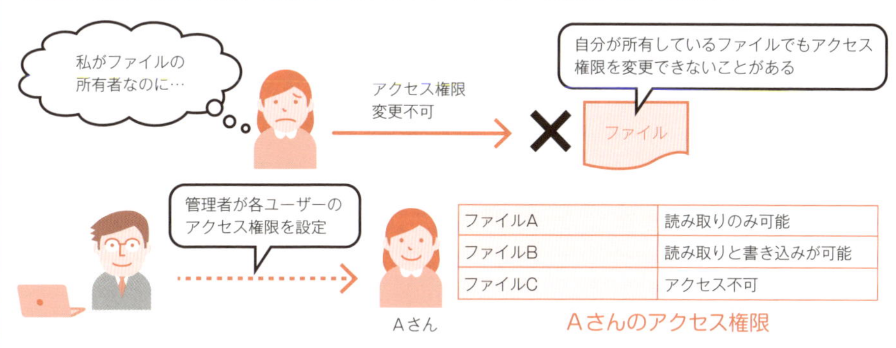

ファイルA	読み取りのみ可能
ファイルB	読み取りと書き込みが可能
ファイルC	アクセス不可

最小特権

ファイルへのアクセスが必要なときだけ一時的にアクセス権限を与えることにより、ユーザーが乗っ取られてもファイルへのアクセスを防げます。

関連用語 SELinux ▶ p.128 TOMOYO Linux ▶ p.128

02 SELinux、TOMOYO Linux

SELinux (Security-Enhanced Linux)

セキュリティ強化を行った Linux 実装の 1 つに **SELinux** があります。

SELinux は、**TE**(Type Enforcement) と **RBAC**(Role Based Access Control：ロールベースアクセス制御) の 2 つを用いて、セキュア OS の要件である**強制アクセス制御 (MAC)** と**最小特権**を実現しています (p.126)。

SELinux では、ユーザーが持つ権限よりも、「プログラムに対して許可する操作」のほうが優先されますが、この操作を記述するのが TE であり、RBAC です。

SELinux では、プログラムに対し「何をさせられる」ということを「**ドメイン**」で、ファイルなどの資源に対し「誰に対し」「何をさせる」ということを「**タイプ**」でそれぞれ定義できます。このことを TE と呼びます。ユーザーに対する権限付与も、ドメインを複数束ねた「**ロール**」を用いて実現します。

たとえば「root ならば目的に関係なく何でもできる」ではなく、「root に対しても資源の目的外利用を許可しない」というようにできるので、より安全な環境になることが期待できます。

TOMOYO Linux

SELinux は、きちんと運用できれば非常に強固なセキュリティを実現できますが、**TE と RBAC がとにかく難解**なのが課題です。これを解決するためのアプローチの 1 つとして、TOMOYO Linux が開発されました。

TOMOYO Linux では、セキュア OS の要件である MAC(強制アクセス制御) と最小特権を実現するために、**学習、確認、強制の 3 つのモード**を使い分けます。学習モードで TOMOYO Linux を動かし、通常の運用管理を行うことで、「通常行うべきこと」をシステムに教え込み、確認モードで教え込んだ内容が適切であるかを確認して、強制モードで MAC と最小特権状態を実現します。SELinux と比較して運用が直感的でわかりやすいのが特徴といえます。

プラス 1 強制アクセス制御に対して、ユーザーのアクセス権限があれば目的外利用も可能、というモデルを「任意アクセス制御 (Discretionary Access Control ／ DAC)」と呼びます。

イメージでつかもう！

セキュアOSの例

(1) 従来のLinux　従来のLinuxでは、root権限を持つユーザーはシステムに対する操作を何でも実行できます。

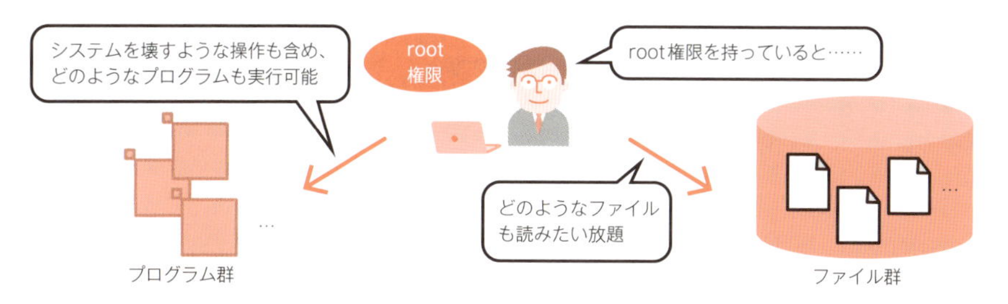

(2) SELinux　SELinuxでは、各ユーザーの「ロール」に応じて、アクセス権限が付与されます。

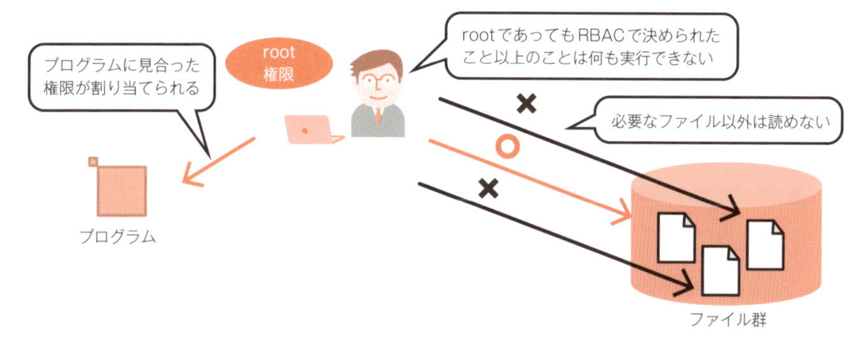

(3) TOMOYO Linux　TOMOYO Linuxでは、学習、確認、強制の3つのモードを使い分けて、MACと最小特権を実現します。

TOMOYOが備える3種類の動作モード

学習
- 正常なシステムの動作を覚えさせる
- ポリシーを生成する
- 強制アクセス制御は適用されない

↓

確認
- ポリシー適用時のシステムの動作を確認する
- ポリシーを適用する
- ポリシー違反時にログを出力する
- ポリシーの調整を行う
- 強制アクセス制御は適用されない

確認
- ポリシーを適用する
- 強制アクセス制御が適用される

それぞれのセキュアOSの利点と欠点

	長所	短所
SELinux	詳細なポリシー割り当てを行える	SELinuxそのものの運用管理が非常に難解
TOMOYO Linux	動作モードで実施する作業をわかっていれば、一通りのポリシー設定を行える	詳細なポリシー割り当ては、専門知識が必要

関連用語　セキュアOS ▶ p.126

03 シンクライアント

● 歴史あるシンクライアント

シンクライアント（痩せたクライアント）は、**ファットクライアント**（太ったクライアント）に対応する言葉です。

具体的には、シンクライアントとは、クライアントサーバーシステム（Client Server System）において、**クライアント側ではほとんど何も処理をせず、多くの処理をサーバー側に任せるようなシステム**の呼称です。シンクライアントは元々、1990年代～2000年代前半に広く普及していたシステム構成であり、処理方式です。当時はクライアント端末（みなさんが使うPCなど）のメモリやCPUなどの処理能力が不足していたため、負荷の高い処理をなるべく性能の高いサーバー側で行うことで、全体の処理パフォーマンスを向上させることを目的としていました。

その後、PCの処理能力が著しく向上したため、サーバー側で行っていた処理をクライアント側で行うようになりました。このようなシステム構成や処理方式のことをファットクライアントと呼びます。**近年はセキュリティの観点から再び、シンクライアントの必要性が高まっています**。

● 新シンクライアント

新たな問題の1つは「**持ち出した業務用PCの紛失などによる機密情報の漏えい事故の多発**」です。ファットクライアントではPC上で多くの処理を行うため、データもPC上に保存されることになります。そのため、PCそのものを紛失すると、**セキュリティ上のリスクが非常に高くなります**。このような事故を防ぐために、一部の企業や組織では、持ち運ぶ端末にはデータを保存する機構を持たせず、サーバーでデータを処理した結果を表示させるだけの端末のみを持ち出せるようにしました。これが、セキュリティを目的として復活した**新シンクライアント**です。

なお、新シンクライアントは万能ではありません。クライアントでデータを自由に扱えないというのは、**セキュリティ的には有効でも、いくつかの利便性は損なわれます（インターネット環境がないと仕事ができない、など）**。

プラス1　シンクライアントシステムは多くのネットワーク帯域を使います。ユーザーが多い場合は、ネットワークや（構成によっては）ストレージの性能も考慮する必要があります。

イメージでつかもう！

シンクライアントの変遷

時代によって（コンピューターの高性能化など）、クライアントに必要とされる目的と形態が変わってきます。

第1次シンクライアント

- PCの処理能力が不足していたため、多くの処理をサーバーに任せる
- シンプルなWebによる実装

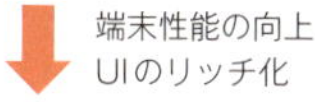

端末性能の向上
UIのリッチ化

ファットクライアント

- リッチなGUI処理をクライアント側で処理
- 高性能化したクライアントの処理能力を利用

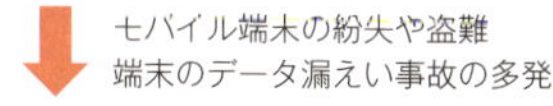

モバイル端末の紛失や盗難
端末のデータ漏えい事故の多発

新シンクライアント

- データ保存機能をクライアントから排除
- 余分なデータの排除により、データの漏えいを防ぐ

新シンクライアントのイメージ

クライアントでデータの処理はほとんど行わず、処理をサーバーで行い結果のみを受け取ることによって、余計なデータをクライアントが持つことを防ぎます。

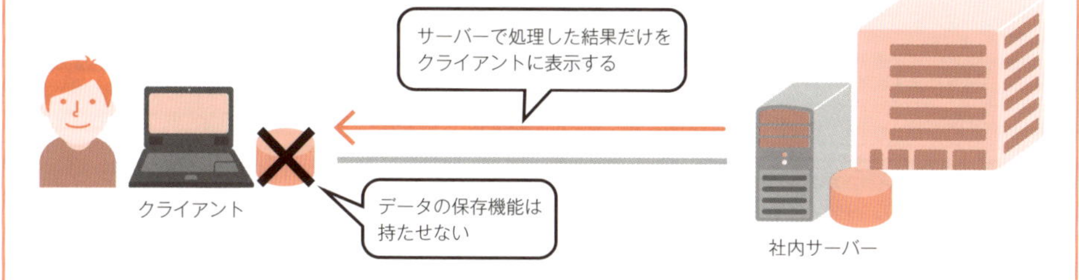

新シンクライアントの主な方式

データの持たせ方やブート（起動）の仕方によって、3つの方式に分けられます。

種類	特徴
ネットワークブート式	サーバーからネットワーク経由で、クライアントのOSを起動する
画面転送式	画面処理はサーバーで行い、イメージのみクライアントに送信する
仮想型	VMWareなどの仮想マシンを利用する

新シンクライアントには、サーバーからネットワーク経由でブートする**ネットワークブート式**、処理はサーバーで行い、処理結果の画面のみをクライアントに送る**画面転送式**、仮想マシンを用いる**仮想型**など、いくつかの方式があります。

関連用語 情報漏えい ▶ p.18

04 ポートスキャン

● ポートは専用窓口

ポートは、**インターネットの通信プロトコル（TCP、UDP）用の通信送受信口**です。通信プロトコルにおける専用窓口のようなものです。ポートには **0 番**から **65535 番**まで番号が振られており、使うポートの番号は「**通信の目的**」によってだいたい決まっています。たとえば、メールの送信（SMTP）は **25 番**、Web ブラウジング（HTTP）は **80 番**、TLS 暗号化した Web ブラウジング（HTTPS）は **443 番**といった具合です。

● 使っていないポートは閉じるようにする

多くの場合において、65536 口もあるポートをすべて使うようなことはありません。通常は、ほとんどのポートは使われることはありません。このような状況において、**ポートを開けっ放し（いつでも通信ができる状態）にしておくことは、セキュリティ上、不適切です**。ポートが開いていると、外部からの意図しない通信を受け付けてしまい、脆弱性（p.92）の原因となります。ポートは、簡単な設定によってすぐに開いたり閉じたりできるので、今現在使っていないポートは閉じておくのが望ましいです。

● ポートの状況を調査する「ポートスキャン」

ポートスキャンとは、**調査対象のコンピューターのポートの状況を 1 つ 1 つ調査する機能、または作業**です。ポートスキャンは、**本来は管理者のための機能**です。自身のシステムに必要なポートが開いており、また不必要なポートが閉じていることを調べるために利用します。ポートスキャンを適切に利用すれば、悪意のある通信からシステムを守れます。

一方で、ポートスキャンは攻撃者（p.90）にも利用されています。攻撃者は攻撃対象のコンピューターへの侵入を試みる際に、ポートスキャンを使ってポートの開閉状況を調査し、侵入できそうなポートを探します。まるで空き巣が侵入口を探しているかのような状況です。このように、ポートスキャンは管理者にとって便利なツールであるがゆえに、同時に攻撃者にとっても非常に有用なツールなのです。

プラス1 ポートスキャンは特徴的な動きをするので、IDS（Intrusion Detection System：不正侵入検知）などを用いて検出することが可能です。ポートスキャンの検出は次に来る攻撃の予測と対処に役立ちます。

イメージでつかもう！

主なポート番号とプロトコル一覧

インターネット通信で使用される主なプロトコルとポート番号は、以下のとおりです。0～1023 には特定のサービスが割り当てられることが多く、ウェルノウンポート（well-known port：よく知られたポート）と呼ばれています。また、独自にサービスを割り当てる場合は 49152 ～ 65535 を使用することが推奨されています。

ポート番号	プロトコル	サービス
20	FTP	ファイル転送
21	FTP	ファイル転送
22	SSH	セキュアなリモート接続
23	Telnet	リモート接続
25	SMTP	メール送信
53	DNS	名前解決
80	HTTP	インターネット

ポート番号	プロトコル	サービス
110	POP3	POP メール受信
143	IMAP	IMAP メール受信
194	IRC	チャット
389	LDAP	ディレクトリサービス
443	HTTPS	セキュアなインターネット通信
465	SMTP over TLS/SSL	暗号化された SMTP
995	POP3 over TLS/SSL	暗号化された POP3

ポートスキャンとは

ポートスキャンとは、コンピューターのポートを1つ1つ調べる機能です。正規の管理者が、管理目的で、ポートの状況を調べるために行うことがあります。一方、攻撃者は、侵入できそうな入口を探すためにポートスキャンを行います。

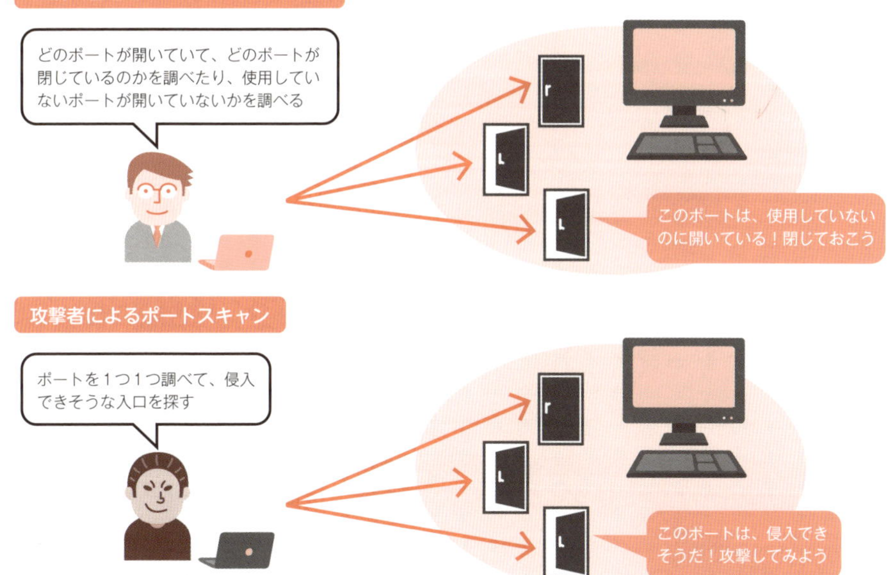

関連用語　攻撃者 ▶ p.90　脆弱性 ▶ p.92

05 ペネトレーションテスト

攻撃側が圧倒的に有利なゲーム？

サイバーセキュリティにおいて、攻撃側と防御側では**攻撃側が圧倒的に有利**といわれます。そういわれるのには次のような理由があります。

(1) 攻撃側はクラッカー同士で常に攻撃手段やツールの情報共有をしているのに、防御側はできていない
(2) 防御側は攻撃者がどのような手段で攻めてくるかを予測するのが困難。つまり、あらゆる攻撃に耐えうるように備えなければならない
(3) 今までに知られていない攻撃をされた場合、防御はほぼ不可能

上記の (3) に対応するのはかなり難しいですが、(1) (2) であれば、**防御側も攻撃者と少なくとも同じ立場に立つことができます**。そのためには、これまでに侵入に使われた既知の攻撃手段の情報を収集し、それを一通り自分のシステムに試してみて、侵入に成功するかどうかを確認すればよいのです。これが「**ペネトレーションテスト**」です。

もしも既知の侵入手段で侵入に成功してしまったら、その攻撃に対してしっかりと防御をしておく必要があります。このペネトレーションテストはシステムを稼動させる前に行います。いくら十分に対処したと思っていても、漏れがあるかもしれません。対処漏れを発見するためにペネトレーションテストを行います。

ペネトレーションテストのやり方

ペネトレーションテストでは数多くの侵入手段を試すため、テスト用のツールを活用して行います。代表的なペネトレーションテストツールには、**metasploit**（メタスプロイト）や**nmap**（エヌマップ）、**OWASP ZAP**（オワスプ ザップ）、**Burp Suite**（バープ スイート）があります。具体的にどのような段取りを踏むかについては、The Penetration Testing Standards(http://www.pentest-standard.org/index.php/Pre-engagement) などで定められています。

プラス1 ペネトレーションテストと同様の考え方のツールとして、Web アプリケーションに擬似攻撃を行う「脆弱性検査ツール」があります。

イメージでつかもう！

ペネトレーションテストの手順

ペネトレーションテストは、以下のような手順で行います。

ネットワーク調査

ポートスキャン（p.132）などを用い、侵入できそうなポートを見つける

nmap（ポートスキャンを行うツール）を使う

サービスの調査

ポートスキャンで発見した稼動中のポートを経由して、ポートの先のサービスの、より詳細な調査を行い、脆弱性を探す
例：Webサーバーの製品名、バージョンなど

dig、Telnetなどによるバナーチェック

攻撃

稼動しているサービスのバージョンに脆弱性がある場合、その脆弱性を突く攻撃を仕掛ける
⇒攻撃が成功する場合、対処が必要

metasploitなどのツールを使う

バナーチェックとは
サービスに対して何かデータを送り、サービスがそれに対して返してくる応答の特徴から、そのサービスの名前やバージョンなどを推測できる場合があります。中には、応答に直接、製品名やバージョンを返す製品もあります。製品名やバージョン情報を提供することは、そのバージョンに依存した攻撃を受ける危険が増すので、一般的には好ましくありません。

ペネトレーションテストのイメージ

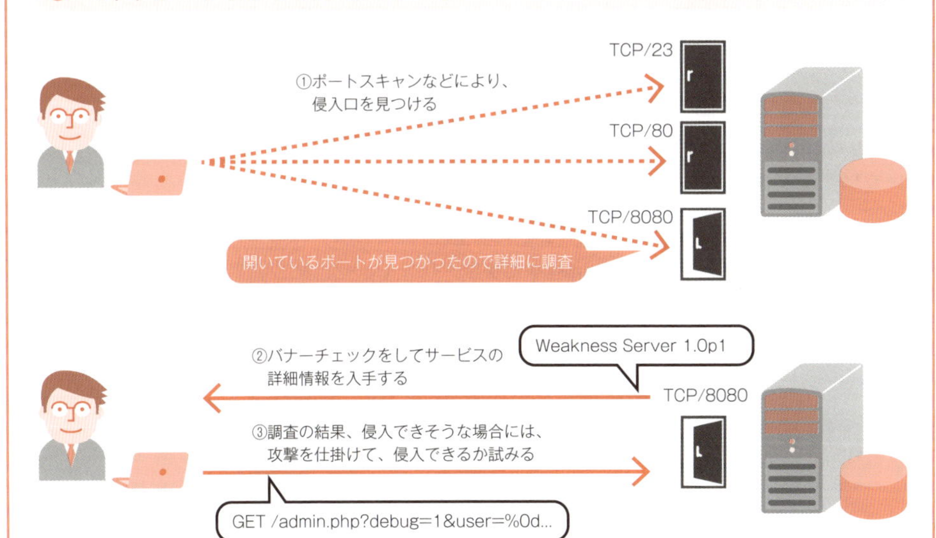

関連用語 攻撃者 ▶ p.90　ポートスキャン ▶ p.132

06 共通鍵暗号方式

古典暗号と現代暗号

みなさんは「暗号」と聞くと、どのようなイメージを思い浮かべるでしょうか。文字を別の文字に置き換える方式や、文字の順番を規則に従って入れ替える方式でしょうか。実はこれはどちらも「**古典暗号**」と呼ばれるもので、**今はほとんど使われていません**。今使われている暗号は「**現代暗号**」と呼ばれるものです。

古典暗号が、**暗号のやり方（アルゴリズム）を秘匿すること**で成立していたのに対して、**現代暗号では暗号のやり方は公開されています**。その代わりに、秘匿の対象になるのが、「**鍵**」と呼ばれるものです。情報を隠して送信したい人は、秘密をやりとりする人たちだけで共有する「鍵」を使い、公開されているアルゴリズムを用いて暗号化や復号（暗号化されたデータを元に戻すこと）を行います。

共通鍵暗号方式と公開鍵暗号方式

現代暗号の方式には、**共通鍵暗号方式**と**公開鍵暗号方式**（p.138）の２種類があります。このうち、本項で解説する共通鍵暗号方式では、暗号化に使う鍵と復号に使う鍵に**同じもの**を使います。

このため、共通鍵暗号方式では**この鍵の長さ（複雑さ）がセキュリティの強度（破られにくさ）のバロメーターになります**。現時点での最低限安全な鍵の長さは112ビット（2^{112}）とされています。また、総当たり攻撃（鍵の組み合わせをすべて試す攻撃方法）以外の方法で、第三者が鍵を推測できないようにする必要があります。

代表的な共通鍵暗号方式には、**DES**（デス）(Data Encryption Standard) や**AES**（エーイーエス）(Advanced Encryption Standard)（p.140）があります。

上記のように、共通鍵暗号方式では暗号化と復号には同じ鍵を用いるため、送る側（暗号化する側）と受け取る側（復号する側）で、**事前に鍵を共有しておくことが必要**です。ネットワークを経由して事前に鍵を送るとすると、途中で鍵が漏れてしまっては困るので、鍵を暗号化するとすると、その暗号化用に別の鍵が必要ということになってしまいます。この問題を**鍵配送問題**といいます。

イメージでつかもう！

古典暗号と現代暗号

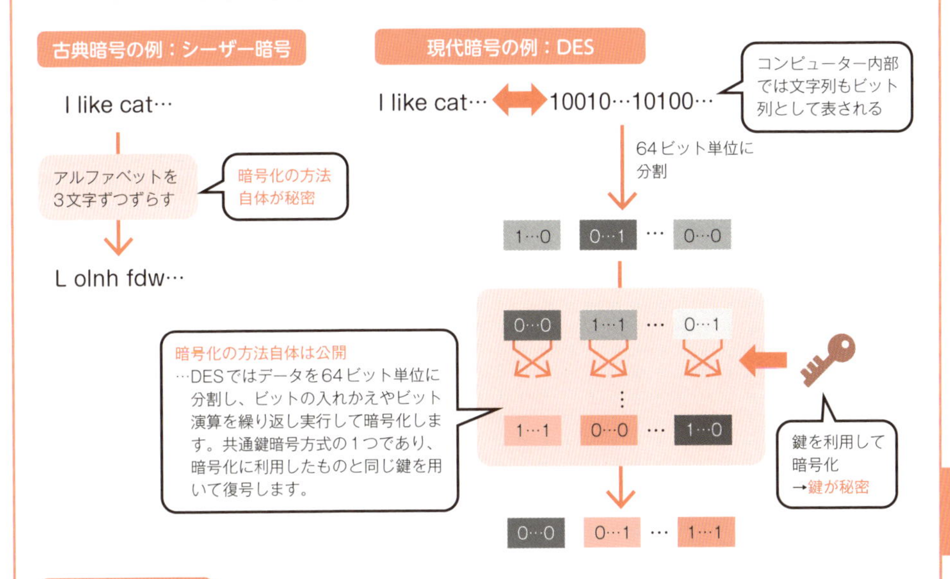

暗号方式の比較

暗号方式		アルゴリズム	鍵
古典暗号		秘匿	なし
現代暗号	共通鍵暗号方式	公開	暗号化と復号に同じ鍵を使う
	公開鍵暗号方式	公開	暗号化と復号で異なる鍵を使う

共通鍵暗号方式とは

共通鍵暗号方式では、暗号化と復号に同じ鍵を使います。したがって、暗号する側と復号する側で、事前に鍵を共有しておく必要があります。

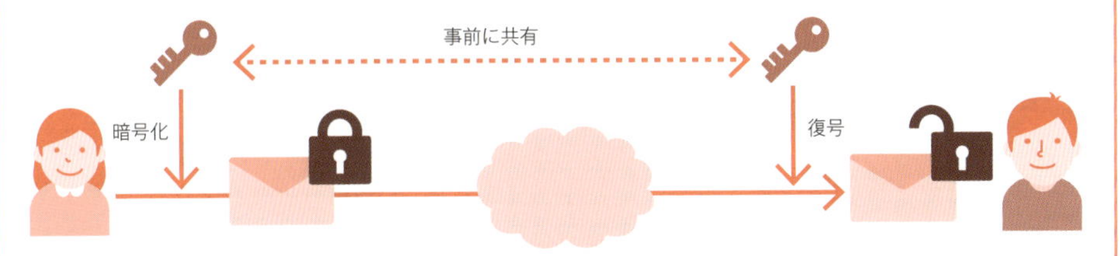

ネットワーク経由で鍵を共有する場合、漏えいを防止するために公開鍵暗号方式（次項）などを使う必要があります。次のような場合には共通鍵暗号方式が利用できるでしょう。

- 鍵を持っている本人しか復号しない場合
- 1対1の通信で、送信者、受信者で鍵の共有ができている場合
- 高速に暗号、復号を行いたい場合
- 大量のデータを暗号化したい場合

関連用語　暗号 ▶ p.36　公開鍵暗号方式 ▶ p.138　AES ▶ p.140

07 公開鍵暗号方式

共通鍵暗号方式では、データの暗号化と復号で同じ鍵を使用する（p.136）のに対して、**公開鍵暗号方式では、データの暗号化と復号で異なる鍵を使います**。

暗号化で使う鍵は「**公開鍵**」と呼ばれ、その名のとおり、誰もが使うことができます。一方、復号で使う鍵は「**秘密鍵**」と呼ばれ、復号する人（データを受け取った人）しか使えないような仕組みになっています。

● 公開鍵暗号方式のメリット

公開鍵暗号方式を利用する最大のメリットは「**鍵の管理の容易さ**」にあります。一例として、複数の人があなたに暗号化したデータを送る場合を考えてみましょう。

共通鍵暗号方式では、データの暗号化と復号で同じ鍵を使用するので、**データを送ってくれる人全員に同じ鍵を渡すことになります**。しかしこれでは、そのうちの誰かから鍵が漏れたら、その鍵でデータを復号できてしまいます。かといって、送ってくれる人ごとに鍵を用意すると、鍵の管理が面倒になります。

一方、公開鍵暗号方式では、公開鍵（暗号化するための鍵）のみを先方に渡し、その鍵を使ってデータを暗号化してもらえば、安全にデータを受け取ることができます。なぜなら、**公開鍵暗号方式では暗号化と復号で異なる鍵を使うため、公開鍵が漏れても、データを復号することができないからです**。

このように、共通鍵暗号方式には「鍵配送問題」がありますが（p.136）、公開鍵暗号方式を利用すれば、安全を確保したまま鍵を共有することができます。

● 代表的な公開鍵暗号方式と仕組み

代表的な公開鍵暗号方式には、**RSA暗号**（アールエスエー）や**ElGamal暗号**（エルガマル）、**楕円曲線暗号**などがあります。公開鍵暗号の安全性（暗号の解読されにくさ）は、ある問題を解くことが難しい数学的性質に依存しており、たとえば、**RSA暗号は「大きな2つの素数の積の素因数分解が難しい」という性質に安全性の根拠があります**。そのため、もしも簡単に素因数分解ができる方法が見つかってしまったら、RSA暗号は安全ではなくなってしまいます。

イメージでつかもう！

公開鍵暗号方式

公開鍵暗号方式では、暗号化に使う鍵は公開されていて、復号に使う鍵が秘密になっています。これは、錠前（南京錠）にたとえられます。

公開鍵暗号方式のメリット：鍵の管理のしやすさ

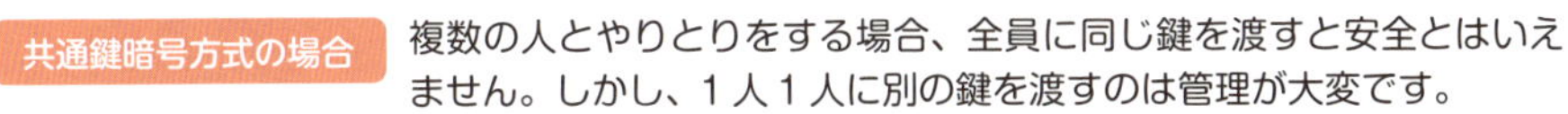

共通鍵暗号方式の場合　複数の人とやりとりをする場合、全員に同じ鍵を渡すと安全とはいえません。しかし、1人1人に別の鍵を渡すのは管理が大変です。

公開鍵暗号方式の場合　送信者は、受信者の公開鍵で暗号化してデータを送信します。受信者は自分の秘密鍵で復号します。

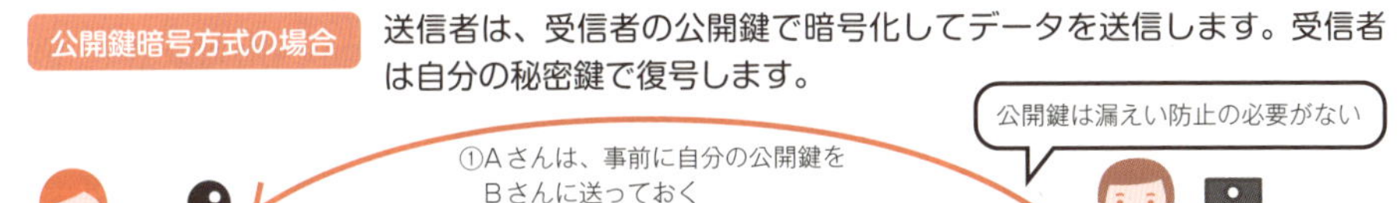

公開鍵暗号方式による共有鍵の共有

共通鍵をインターネット経由でそのまま送信すると攻撃者に悪用される場合がありますが、公開鍵で暗号化して送信すれば、秘密鍵がないと復号できません。

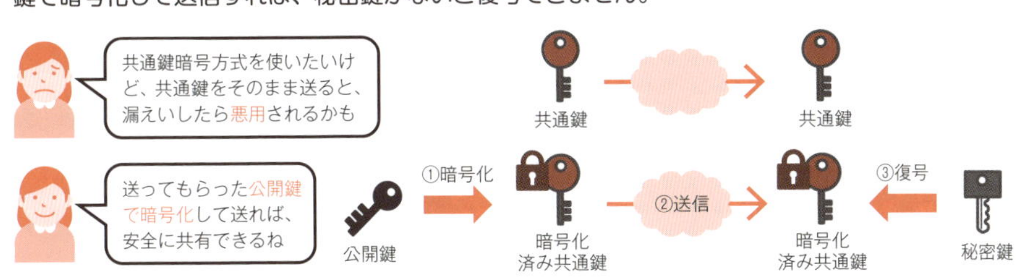

関連用語　共通鍵暗号方式 ▶ p.136

08 AES

DES の安全性低下

AES(Advanced Encryption System) は、2017 年現在、**各国の暗号規格によって利用が推奨されている共通鍵暗号方式**です。1990 年台は **DES**(Data Encryption Standard) と呼ばれる共通鍵暗号方式が主流でしたが、コンピューターの性能向上とともに DES のセキュリティ強度（破られにくさ）が不安視されはじめ、**1999 年に DES の解読に必要な時間が 24 時間を切った**ことから、新しい暗号化方式が強く求められるようになりました。そして誕生したのが AES です。

なお、DES の鍵の複雑さは 2^{56} 通りです。つまり攻撃者は、正しい鍵を見つけるために、2^{56} 通りの鍵を試す必要がありました（通常は、平均してその約半分）。

AES の誕生

共通鍵暗号方式では、鍵の長さ（複雑さ）がセキュリティの強度（破られにくさ）のバロメーターとなります。AES の鍵の複雑さは **2^{128}** 以上です。DES と比べてどのくらい強いかというと、DES を 1 日で解読するシステムを利用した場合、AES (128) の解読には 1,000 京年（1 京＝ 1000 兆）かかる計算になります。

これだけも十分と思われますが、AES では基本の 128 ビット以外にも、192 ビットまたは 256 ビットも選択できます。なお、**共通鍵暗号方式では確かに鍵は長ければ長いほど安全性は高まるのですが、その分パフォーマンスが劣化するので注意が必要です**。通常時においては AES(128) でも十分ではないでしょうか。

幅広く使われる AES

AES は現在では幅広い用途で使われています。たとえば、無線通信が傍受されるのを防止するために、Wi-Fi の暗号化規格である「**WPA2**」に使用されています。また、ZIP や RAR などのファイル圧縮ソフトウェアの暗号化機能や、ハードディスク暗号化製品にも使われています。インターネット通信では TLS(p.142) の暗号化プロトコルとして AES が使われています。

イメージでつかもう！

ブルートフォース攻撃による鍵の解読

攻撃者は、共通鍵暗号方式の鍵を解読しようとする場合、総当たり攻撃（ブルートフォース攻撃：p.98）攻撃を仕掛け、鍵に使う文字の組み合わせを１つ１つ試します。解読に必要な試行回数は、平均すると全組み合わせの約半分になります。

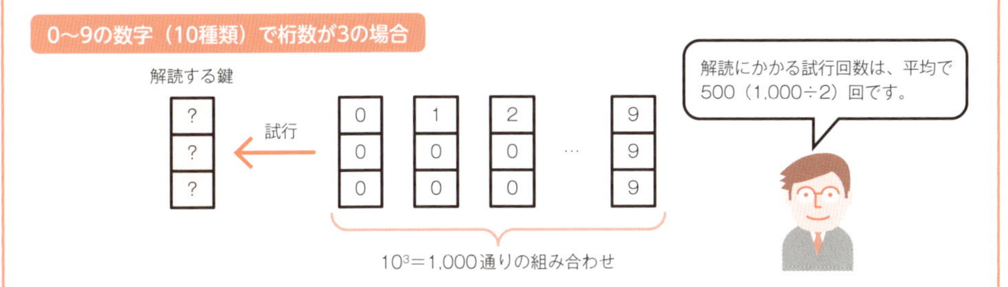

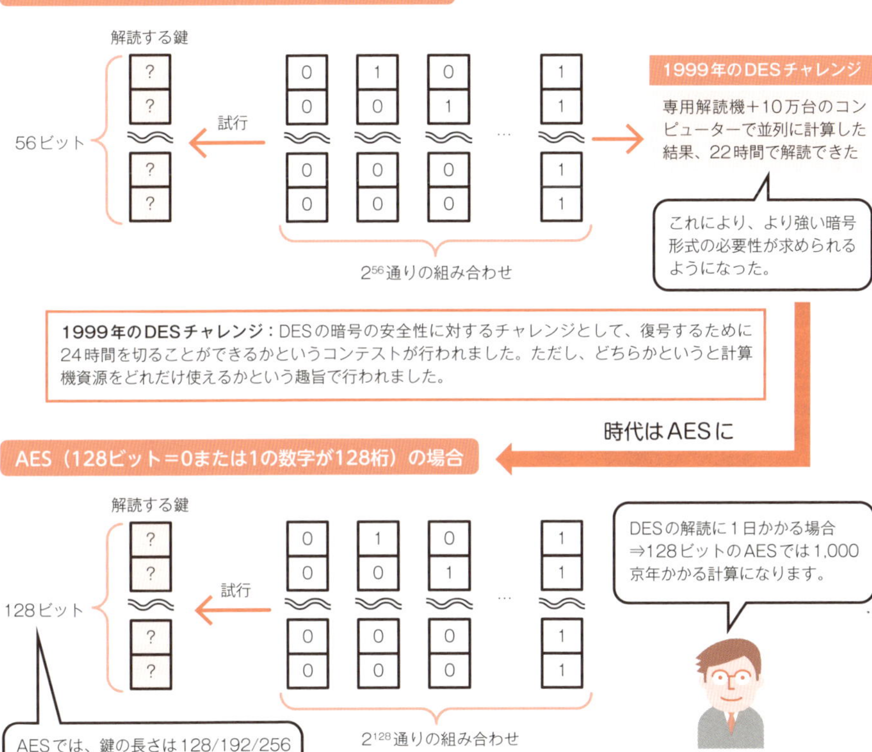

関連用語 共通鍵暗号 ▶ p.136　TLS ▶ p.142

09 TLS

TLSとSSL

TLS(ティーエルエス)(Transport Layer Security)、およびその前バージョンである**SSL**(エスエスエル)(Secure Sockets Layer)は、**インターネットで通信を行う際の認証および通信暗号化の仕組み**です。TLSやSSLというと暗号化のイメージが強いのですが、実は暗号化通信をするにあたって最初に重要になるのは「**相手が信頼に値するのかを確認する**」というプロセスです。なぜなら、仮に通信の相手先が誰かのなりすましだったら、暗号化しても結局情報が漏れてしまうことになるからです。

このため、TLSでは最初に、**ハンドシェイク(握手)プロトコル**という相手を認証するための手続きが実行されます。その手続きの中に「お互いが相手の持っている証明書を受け取り、検証する」というステップがあります。証明書(p.54)が身元の正しいものであるかは、証明書の認証局(p.54)から送られてくるリストと突き合わせることで確認できます。

TLSの重要性

TLSはWebの通信で用いられるなど、幅広く用いられているため、その安全性は重要です。TLSの前のバージョンであるTLS1.0/1.1やSSLではセキュリティ上の脆弱性があることがわかっているため、**TLS1.0/1.1やSSLの使用は現在では非推奨**になっています。なお、TLSの最新バージョンは1.3です(2020年8月時点)。

Webサーバの常時SSL(HTTPS)化とブラウザの挙動

セキュリティ上の理由から、Webサーバの常時SSL化が推奨されています。最新のChromeブラウザを用いてSSL化されていないWebサイトを閲覧すると、アドレスバーの左に「保護されていない通信」と表示されます。

プラス1 TLSには相互認証の仕組みがありますが、不特定多数がアクセスするようなWebサイトのTLSでは、クライアントの認証は行っていません。

イメージでつかもう！

SSL/TLSの重要性

インターネットで通信を行う際、通信内容が暗号化されていないと、攻撃者に盗み見される危険性があります。

SSLがバージョンアップ後に改称してTLSになりました。SSLに比べ、TLSはより安全な暗号を使えるようになっています。また、SSlに存在していた脆弱性が解決されているなどの優位性もあります。

ハンドシェイクプロトコルの流れ

暗号化をする前に、相手の認証をしたり、暗号に用いる情報のやりとりをしたりするために、ハンドシェイクプロトコルという手続きを行います。

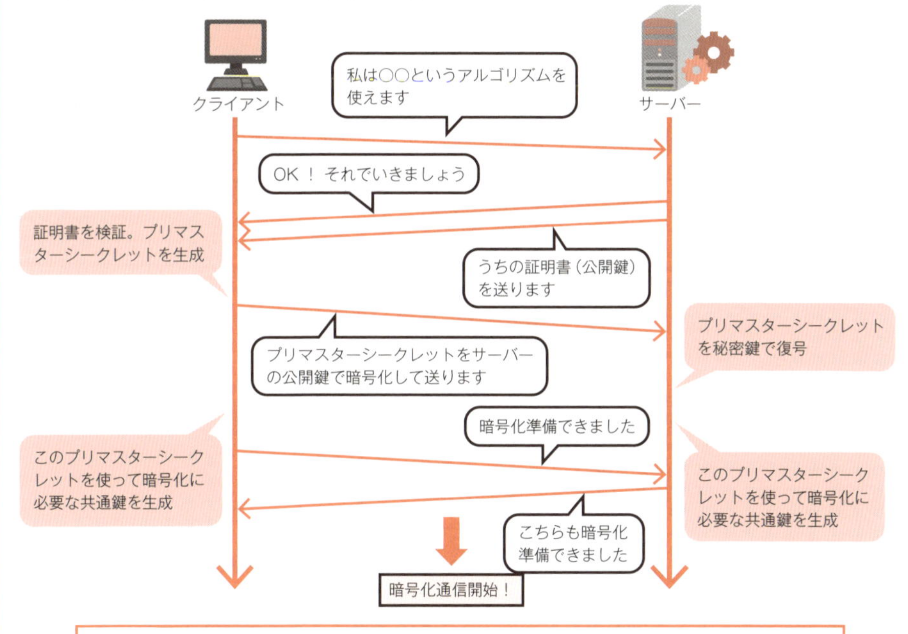

プリマスターシークレットは、ランダムに生成された数です。このデータをサーバーとクライアントで共有することで、お互いしか知らない共通鍵を生成する準備が整います。

関連用語 脆弱性 ▶ p.92 認証局 ▶ p.54

10 コード署名

コード署名の目的

　コード署名は、**配布するプログラムコードに対して行う署名**であり、**そのプログラムが正当であることを証明するため**に付けられます。文書にサイン（署名）するのと同じです。

　コード署名は、セキュリティパッチなどのアップデートプログラムの配布において、特に重要になります。アップデートプログラムはインターネット経由で配布されるため、攻撃者が正規アップデートになりすまして、マルウェアなどのプログラムを挿入させる危険があります。それを防ぐため、誰がそのプログラムコードを作成したかを検証するために、コード署名を使います。

コード署名のベースになる電子署名と公開鍵暗号方式

　コード署名のベースになっているのは**電子署名**（p.52）の技術です。電子署名は、紙の代わりにファイルなどのデジタルデータを対象にして、次の2点を保証することができます。

- データの**原本性の保証**（署名をしたときからそのコンテンツが変わっていないことの保証）
- **誰が署名したかの保証**

　なお、電子署名のベースになっているのは公開鍵暗号方式（p.138）の技術です。公開鍵暗号方式では、誰でも暗号化できるようにするために公開鍵を使い、特定の人間が復号できるようにするために秘密鍵を使います。

　電子署名では、**特定の人間のみが署名することができ、かつ誰でもその署名を検証できるようにする必要があります**。この性質は、公開鍵の性質の裏返しなのです。

　そこで、電子署名では署名に「秘密鍵」、署名の検証に「公開鍵」を使います。**電子署名と公開鍵暗号方式の関係、また秘密鍵と公開鍵の使い方に注目して電子署名、およびコード署名の仕組みを理解するようにしてください。**

イメージでつかもう！

電子署名の仕組み

紙の文書にサイン（署名）するのと同じように、電子文書にも、文書の正当性を証明するために電子署名を行います。

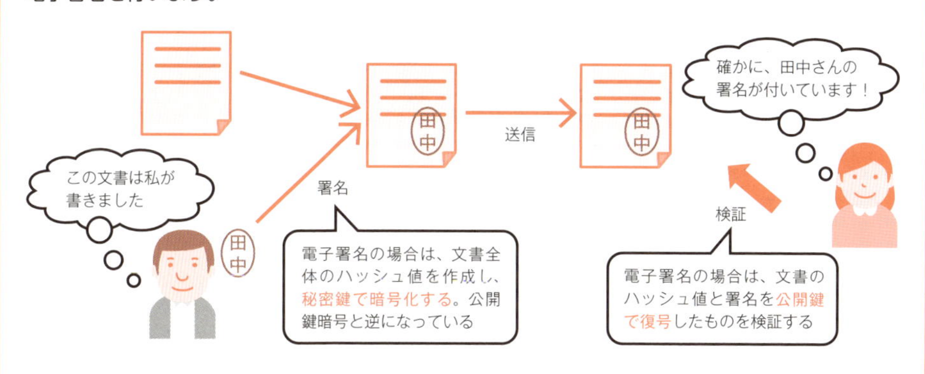

コード署名

コード署名は、プログラムが配布者が配布したものと完全に同一であることを証明するために付けられます。

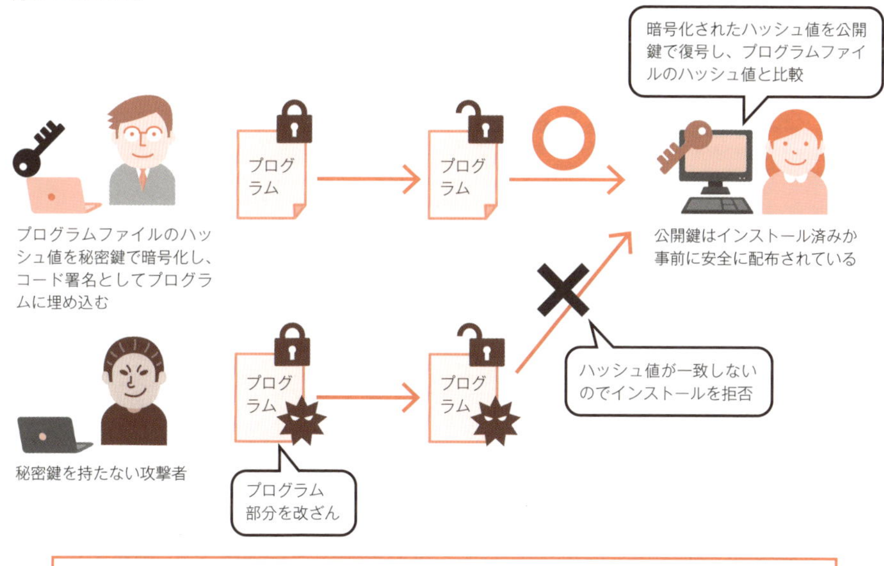

プログラムファイルをわずかでも改ざんすればハッシュ値が変わるため、コード署名（暗号化されたハッシュ値）と合致しなくなります。また、秘密鍵で暗号化されたものは、対となる公開鍵でしか正しく復号することはできないので、署名を加工しても失敗します。

関連用語　パッチ ▶ p.60　攻撃者 ▶ p.90　マルウェア ▶ p.94　電子署名 ▶ p.52　公開鍵暗号 ▶ p.138

COLUMN

ハッキングは罪？
攻撃と防御は表裏一体

「ハッカー」というとみなさんはどのようなイメージを抱くでしょうか。この本で紹介するようなサイバー攻撃関連の報道で目にするハッカーは、だいたい攻撃をする悪者ですよね。確かに、サイバー攻撃には高度なハッキング技術が使われます。

しかし、高度な技術スキルを持っていること自体は悪なのでしょうか。一般に攻撃とされている技術の中にはセキュリティ対策に使われる技術もありますし、その逆に、セキュリティ技術として開発されたものが攻撃に悪用される場合もあります。たとえば、データを保護するための共通鍵暗号方式（p.136）が、ランサムウェア（p.122）のように人質にとるための暗号化に悪用されてしまうこともあります。また、攻撃者が使うイメージの強いポートスキャンやペネトレーションテストだって、自分のネットワークやシステムの強さを確かめる手段として使えますよね。

このように、攻撃と防御の対策は表裏一体です。それなのに、日本ではあまり攻撃そのものに関する研究は（暗号以外）盛り上がっていないようです。これは残念なことです。

「ハッカー」や「ハッキング」だって、元々は善悪とは関係のない言葉だったのですが、世間の認識が「不正に侵入する」という意味に変わってきてしまいました。現在では、後者の悪い意味の方を「クラッカー」「クラッキング」と呼んだり、いいハッカーを「ホワイトハッカー」、悪いハッカーを「ブラックハッカー」というように区別したりしています。

何にせよ、「ハッキング技術を磨く」ということ自体は悪いことではないですし、海外ではハッキングに関する国際会議もあります。それに対して、日本は遅れているといわざるを得ない状況です。それでも、「セキュリティキャンプ」（http://www.security-camp.org/）のようにホワイトハッカーを育成する試みが少しずつ進んできてはいるので、今後に期待したいところです。

Chapter

6

ネットワーク
セキュリティ

セキュリティの脅威の多くはインターネットに潜んでいます。本章ではインターネットを利用した攻撃からシステムを防御する技術や、通信内容を盗聴されずに、安全にデータをやり取りする技術について解説します。

01 ファイアウォール

ファイアウォールとは、**「外部からの攻撃を防御すること」を目的としてコンピューター上にインストールするソフトウェアや、ネットワーク上に設置するハードウェアの総称**です。詳しくは本章で後述しますが、ファイアウォールには、ソフトウェア／ハードウェアを含め、さまざまな形態のものが存在します。たとえば、「**パケットフィルター型ファイアウォール**」や「**アプリケーションゲートウェイ型ファイアウォール**」などがあります（右ページの図を参照）。次項で説明する「Webアプリケーションファイアウォール」などもその一例です。

昨今は、**インターネット経由で攻撃を仕掛けられるのが当たり前**という状況なので、システムのセキュリティを確保するうえでファイアウォールは不可欠です。

ちなみに「ファイアウォール」とは、本来は外部の火災から身を守るための「防火壁」のことです。この「火災」をインターネット上の外敵になぞらえて、その敵から守るシステムのことをファイアウォールと呼んでいます（由来は諸説あります）。

ファイアウォールによる通信可否の制御

ファイアウォールは、**ネットワーク間の通信可否を制御**します。このとき対象となるネットワークの種類は、**基本的な製品の場合は「内部ネットワーク」と「外部ネットワーク」の2種類**です。事前にこの2種類のネットワークを定義したうえで、ネットワーク間の通信可否を制御します。より高機能な製品の場合は、上記の2種類に加え、さらに「**DMZ**」（DeMilitarized Zone：p.13）と呼ばれるネットワークを加えた3種類のネットワーク間での通信可否を制御できます。

通常、ファイアウォールは、TCP/IPヘッダーに含まれる**IPアドレス**や**TCP/UDPポート番号**、**通信状態**などを利用して通信可否を制御しますが、高機能な製品ではヘッダー以外の通信データを手がかりにして通信制御を行うことも可能です。

ファイアウォールは、現在のインターネット利用を考えると、必要不可欠な機能ですが、きちんと導入するためには、適切なネットワーク設計が不可欠ですし、適切に稼動させ続けるためには運用を考慮する必要もあります。

プラス1　ファイアウォールが実現する機能の一部には、一般的なネットワーク機器などに適切な設定を行うことによって同等のことを実現可能なものもあります。

イメージでつかもう！

ファイアウォールの配置

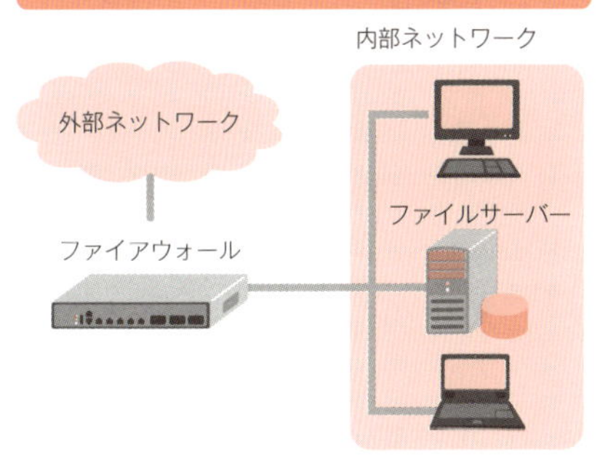

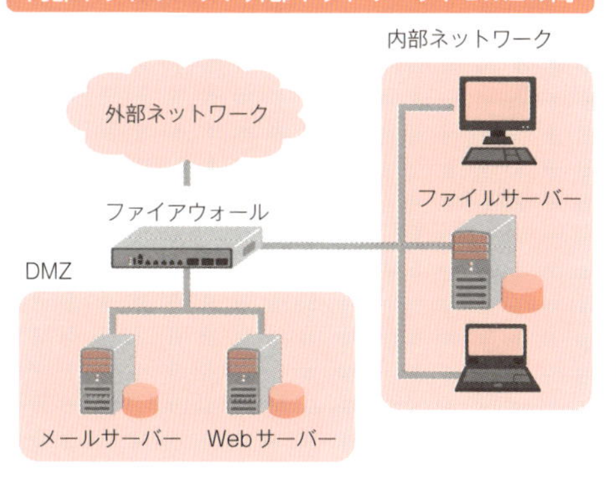

パケットフィルター型ファイアウォール

高速ですが、データを見たりセッションやタイミングを見たりという複雑な制御には不向きです。

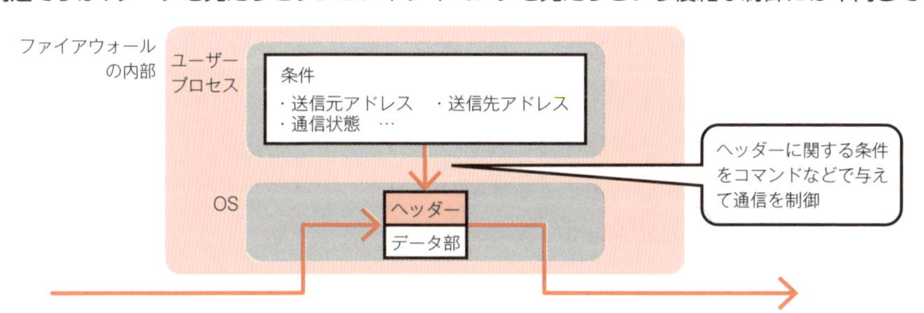

アプリケーションゲートウェイ型ファイアウォール

比較的低速ですが、通信の中身を見て制御することなどには向いています。

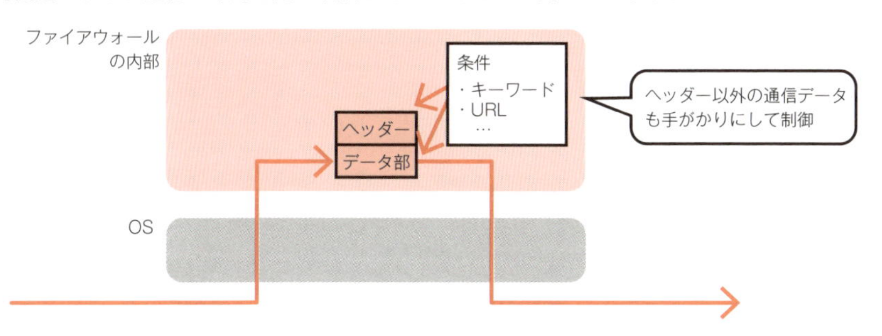

関連用語
Web アプリケーションファイアウォール ▶ p.150　DMZ ▶ p.13
パケットフィルタリング ▶ p.62　アプリケーションゲートウェイ ▶ p.62

02 Webアプリケーションファイアウォール

Web アプリケーションファイアウォール（Web Application Firewall：**WAF**）は、**Web アプリケーションの通信の制御に特化したファイアウォール**です。とはいえ、処理内容自体は、基本的には一般のファイアウォールと同じで、「外部ネットワークからの通信を決められた通信可否を判断するルールに従ってフィルタリング」します。

WAF と一般のファイアウォールとの違いは「**ルールのもとになる情報源**」にあります。一般のファイアウォールが TCP/IP ヘッダーに含まれる各種情報に基づいてルールを決めるのに対して（p.148）、**WAF では Web のプロトコルである HTTP のフォーマットに基づいてルールを決めます**。

WAF による悪意のある者からの攻撃の防止

SQLインジェクション（p.114）や OSコマンドインジェクション（p.116）、クロスサイトスクリプティング（p.118）で解説したように、**Web アプリケーションに対する攻撃は HTTP 通信の形でやってきます**。

SQLインジェクションが「SQL 文を変える」という特徴を持っているように、攻撃となる通信には**典型的なパターン**が存在します。WAF はこれらの攻撃のパターンを「**NG ワード**」としてルール登録することで、攻撃が Web サーバーに届かないようにするのです。

WAF の長所と短所

WAF の最大の長所は「**導入のしやすさ**」です。上記のとおり、攻撃の典型的なパターンをルールに登録するだけで通信を防ぐことが可能です。一方で短所もあります。WAF は、**ルールに登録されていない攻撃は遮断できないため、網羅的に検知できるようにルールを継続的に更新する必要があります**。また、遮断ルールの設定の仕方によっては、**正常なアプリケーションの通信も遮断してしまう可能性がある**ので、ルール設定には注意が必要です。WAF は、ルールのカスタマイズや設定（チューニングと呼ばれる）にコストがかかるといわれています。

プラス1　WAF はファイアウォールの一種ではありますが、実施していることは次項で説明するプロキシサーバーに近いです。また、暗号化されたままの通信は扱えません。

イメージでつかもう！

Webアプリケーションファイアウォール（WAF）の仕組み

WAFは通常のファイアウォールと同様に攻撃の検知、排除を行いますが、そのルールはWebのプロトコルの形式であるHTTPのフォーマットに基づきます。

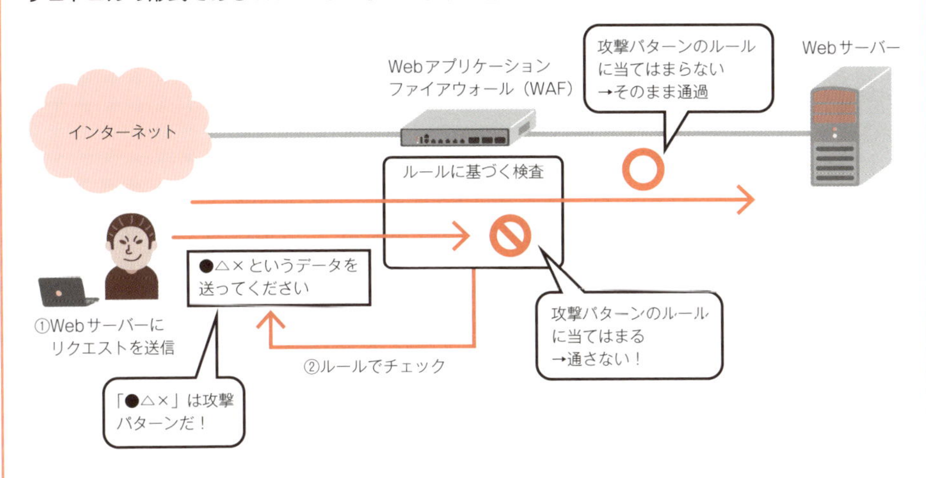

WAFの設置によるSQLインジェクション対策

WAFによってSQLインジェクション攻撃を検知し、その攻撃がWebサーバーに届かないようします。

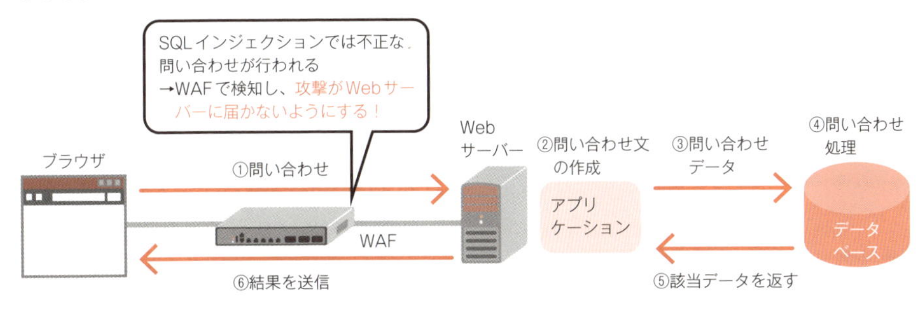

WAFの長所と短所

長所	●導入しやすい（すぐに動かせる）
短所	●長期的にはメンテナンスが必要（ルールの継続的更新） ●本質的な弱点は解消していない

→

推奨する利用イメージ

- 応急処置などの短期的利用
- 予算に余裕があれば、多層防御的な対策として導入

Chapter 6 ネットワークセキュリティ

関連用語
SQLインジェクション ▶ p.114　OSコマンドインジェクション ▶ p.116
クロスサイトスクリプティング（XSS） ▶ p.118　ファイアウォール ▶ p.148

03 プロキシサーバー

プロキシサーバーとは、企業や団体の内部ネットワークに設置されたコンピューターがインターネットへアクセスする際に、**そのコンピューターの代わりにインターネットにアクセスするサーバー**です。なぜこのようなサーバーが必要なのでしょうか。その答えは「**IP アドレスの有効活用**」にあります。

インターネットが今ほど普及していなかった時代は、内部ネットワークに設置された各コンピューターにも**グローバル IP アドレス**（インターネットと直接やり取りができる IP アドレス）を割り当てることができました。しかし、インターネットに接続する機器が急増した現在では、すべてのコンピューターや通信機器にグローバル IP アドレスを割り当てることはできません（グローバル IP アドレスの数には限りがあるため）。そこで登場したのがプロキシサーバーです。

現在では、グローバル IP アドレスはプロキシサーバー（インターネットと直接通信を行うサーバー）に割り当てておき、**内部ネットワークに設置されたコンピューターは、必要に応じてプロキシサーバーを経由してインターネットアクセスを行うような仕組み**になっています。

プロキシサーバーを使うことのメリットと課題

プロキシサーバーを使うことのメリットには、先述した「ネットワークや IP アドレスの有効利用」が筆頭に挙げられますが、それだけではありません。実は、**内部ネットワークのセキュリティ確保に有効に働く**という大きなメリットもあります。たとえば、プロキシサーバーのログ（**プロキシログ**）を確認することで、内部ネットワークのどのコンピューターが、いつ、どのサイトにアクセスしたかを容易に確認できます。このため、仮にあるコンピューターが Web アクセス時にウイルス感染した場合でも、どの Web アクセスで感染したのかを把握しやすくなります。また、プロキシサーバーを経由することで、外部からの侵入リスクも下がります。

一方で課題もあります。それは、**プロキシサーバーの構築・運用を行う要員の確保**です。プロキシサーバーに備わっている「セキュリティ上有用な機能」を活用し、日常運用を行うためには、ネットワークやプロキシサーバーに対する理解が不可欠です。

イメージでつかもう！

プロキシサーバーの仕組み

プロキシサーバーとは、内部ネットワークに設置されたコンピューターの代わりに、インターネットにアクセスするサーバーのことです。
プロキシサーバーだけにグローバル IP アドレスを割り当て、内部ネットワーク内のコンピューターは、プロキシサーバーを経由してインターネットアクセスを行います。これによりグローバル IP アドレスを節約することができます。

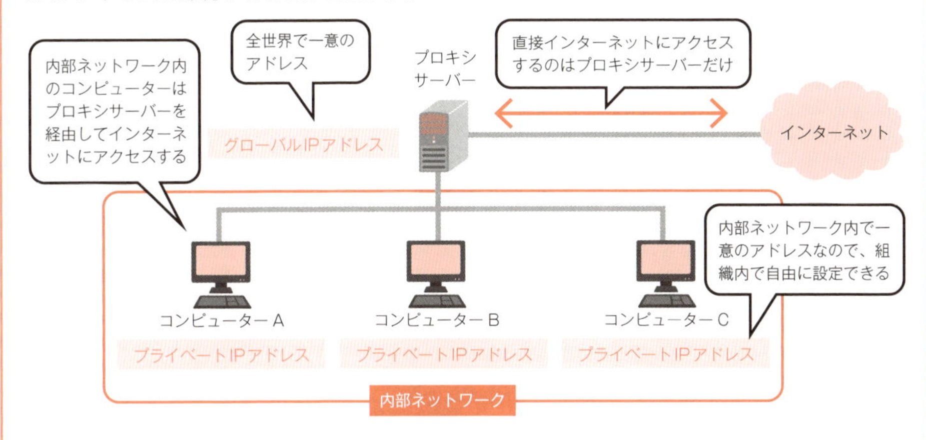

プロキシサーバーのメリット

内部ネットワークと外部ネットワーク（インターネット）の間にプロキシサーバーを設置することは、セキュリティ確保に役立ちます。

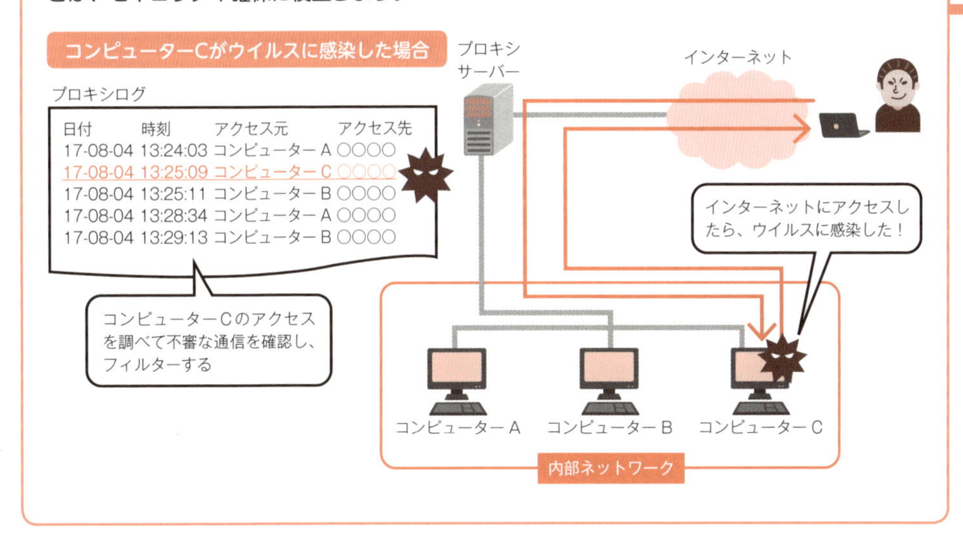

関連用語 ウイルス ▶ p.58 アプリケーションゲートウェイ ▶ p.62 中間者攻撃 ▶ p.110 SSTP サーバー ▶ p.160

04 IDS/IPS/UTM

攻撃を検知してシステムを防御する仕組みは、大きく次の3種類があります。

- **IDS**(アイディーエス)(Intrusion Detection System)：**侵入検知システム**
- **IPS**(アイピーエス)(Intrusion Prevention System)：**侵入防止システム**
- **UTM**(ユーティーエム)(Unified Threat Management)：**統合脅威管理**

IDSは「攻撃を検知したことを何らかの手段で**管理者に通知する**システム」、IPSは「検知した攻撃に関連した通信を**ピンポイントで遮断する**システム」、UTMは「さまざまな機能を備えた**統合的なセキュリティソリューション**」です。UTMだけが少しあいまいな用語ですが、市販のUTMにはIPSの機能を含むものが多く、IPSの攻撃検知を行う技術は、IDSに採用されている検知技術と同じものです。

● IDSが攻撃検知を行う仕組み

一般的なファイアウォールがTCP/IPヘッダーの情報を見て通信制御を行う(p.148)のに対し、IDSはTCP/IPヘッダーに加え、「**通信でやりとりされるデータ**」も見て攻撃の検知を行います。たとえば、代表的なIDSの1つである**Snort**(スノート)や**Suricata**(スリカタ)では、このような攻撃検知のための情報を「**検知ルール**」と呼んでいます。

● IDSとIPSの設置形態

IDSとIPSは、ネットワークトラフィックを監視する必要があるため、これらのシステムは、**モニター型**(ネットワーク上の通信をモニターする)、もしくは**インライン型**(ネットワーク間に配置する)のいずれかの方法で設置します。

なお、IPSのように**検知した通信を確実に止めたい場合はインライン型**を選択するのがベストですが、IPSが故障するとIPSを経由する通信が成立しなくなる、というリスクがあります。これに備えて、複数のIPSを導入する場合もあります。

一方、IDSは、検知した攻撃を通知することが役割であるため、機器が故障しても通信ができなくなるリスクはありません。遮断も必要な場合は、IPSの遮断機能や、ファイアウォール、プロキシサーバーのフィルター機能などを追加して活用します。

プラス1 設置する組織が小規模の場合はUTMを、設置する組織が中規模・大規模の場合はIDS、IPS、ファイアウォールを適切な箇所に導入するのがよいでしょう。

イメージでつかもう！

IDS（侵入検知システム）

IDS は、通信を監視し、あらかじめ調査済みの「不正な通信データである」という特徴（シグネチャ）に合致する通信を検出すると、通知を行います。IDS は下図のようなモニター型で設置されることが多いです。

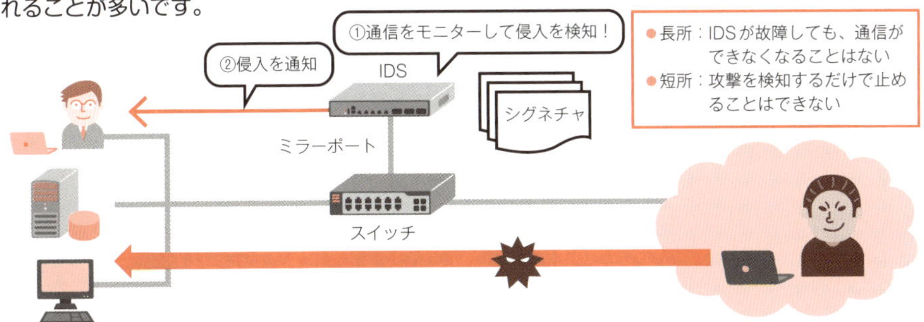

IPS（侵入防止システム）

IPS は、通信を監視し、シグネチャに合致する通信を検出すると、通信の遮断を行います。IPS は下図のようなインライン型で設置されることが多いです。

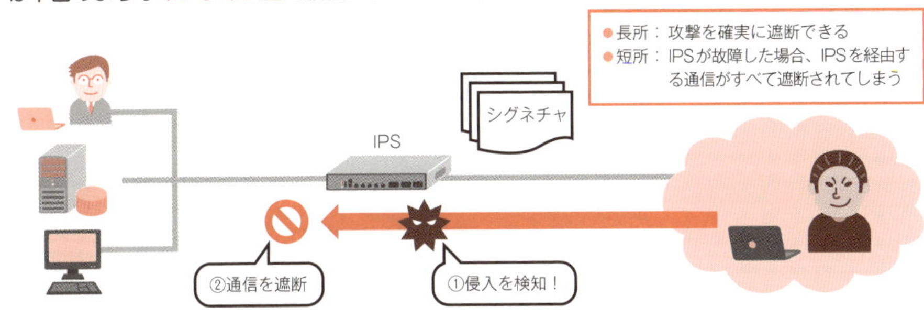

UTM（統合脅威管理）

UTM は、IDS や IPS を含め、さまざまな機能を備えた統合的なセキュリティソリューションです。UTM はモニター型で設置されることが多いです。

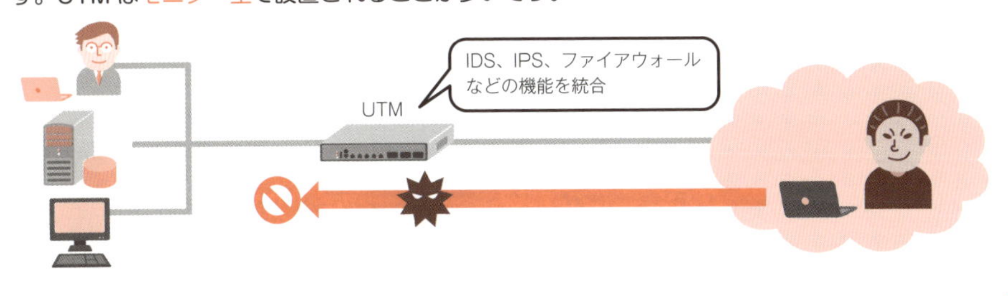

関連用語　ファイアウォール ▶ p.148　ミラーポート ▶ p.82

05 VPN

VPN（Virtual Private Network：仮想プライベートネットワーク）は、**インターネットをはじめとする「安全ではない通信網」を利用して、複数のネットワーク間で安全な通信をするための仕組み**です。つまり、その名称からも推測できるとおり、VPNは「実際にプライベートな（個人専用の）ネットワークを作る」のではなく、そのようなネットワークを「**仮想的に**」作るための仕組みということもできます。

「**専用線**」と呼ばれる仕組みを用いれば、簡単に複数のネットワークを安全に接続することができるのですが、**専用線は利用コストが非常に高い**ため、誰もが気軽に利用できるわけではありません。

この問題を解決するために考案されたのが、専用線と比べて安価に複数のネットワークを接続できるVPNです。VPNでは、あまり安全ではない通信網（インターネット）を使って、安全な通信を実現するために、**通信データを暗号化**したり、**通信データに署名を付与**したりします。そうすることで、「**まるで各プライベートネットワーク間が専用線で接続されているかのような、機能的、セキュリティ的、管理上のポリシーの恩恵などが、管理者や利用者に対し実現**」※できます。

なお、VPNはネットワーク間だけではなく、**特定のコンピューターとネットワークを接続**する際にも利用されています。たとえば、社外から会社の内部ネットワークへ安全に接続するために使われています。

※ Wikipedia「VPN」より一部抜粋

VPNを利用できる機材は安価に入手可能

ネットワーク間を安全に接続するためには、**VPNを構成できるルーター**などを入手する必要があります。上を見たらキリがありませんが、安価なものであれば1台あたり数万円で入手できるものもあります。

なお、OSの標準機能で提供されるVPN機能や市販のブロードバンドルーターでもVPNを構築することは可能ですが、これらの場合は、ネットワーク間を安全に接続するための機能としてではなく、コンピューターを内部ネットワークに安全に接続させるために利用するための機能として提供されているものが多いです。

プラス1 専用線（Private Network：PN）は、実際の通信のための線がどこを通っているかわからないことも多いため、機密度の高い通信を行う際には、VPN化することも視野に入れます。

イメージでつかもう！

VPNのメリット

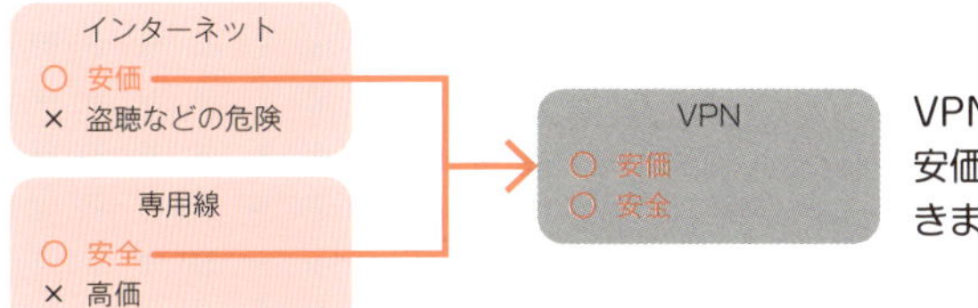

VPNを利用すると、比較的安価に安全な通信を実現できます。

VPNの仕組み

ネットワーク同士の通信の場合

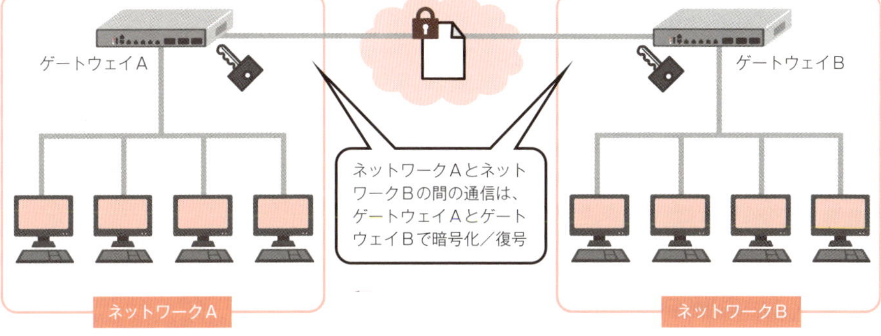

端末とネットワークの間の通信の場合

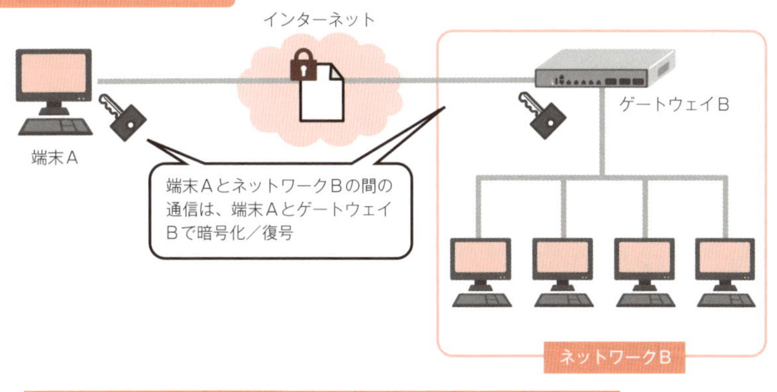

あるネットワークから別のネットワークへの出口をゲートウェイと呼びます。

関連用語　暗号 ▶ p.36　署名 ▶ p.52

06 IPsec

IPパケットの暗号化と認証のためのプロトコル

IPsec（アイピーセック）は、**TCP/IP通信で使われるIPパケット単位の暗号化と、パケットが改ざんされていないことを確認（認証）するためのプロトコル**です。VPN（p.156）を構築する際によく用いられます。

IPsecでは多くの場合、IPパケットそのものを暗号化し、暗号化されたIPパケットを**ペイロード**（payload：ページ下部の プラス1 を参照）にして、さらにIPヘッダーを付与して通信を行います。IPパケットの暗号化と復号は、IPsecを解釈する「**IPsecゲートウェイ**」と呼ばれる装置で行います。

IPsecゲートウェイの働き

IPsecゲートウェイは、**通常のTCP/IP通信をIPsec通信に変換**したり、**IPsec通信を通常のTCP/IP通信に変換**したりするための装置です。

IPsecゲートウェイを用いた変換処理では、**1つのIPパケットが1つのIPsecパケットに対応**します。そのため、IPsecパケットが1つ欠損しても、それはIPパケット1つの欠損で済むため、SSL-VPN（p.160）のような「TCPセッションを用いるVPN」と比べ、VPNを運用する際の安定性に優れます。

共通鍵暗号化方式と4つの鍵

IPsecは、暗号化のために**共通鍵暗号方式**（p.136）を使用します。これは、パケットを1つ1つ暗号化するためには、共通鍵暗号方式による高速な暗号化が不可欠だからです。暗号化されたパケットは、さらに**認証鍵**によってハッシュ値（p.38）が計算され、パケットの改ざんに備えます。

IPsecパケットの送信時には暗号鍵と認証鍵が1つずつ必要であり、受信時には送信時とは別の暗号鍵と認証鍵が1つずつ必要です。つまり、合計で**4つの鍵が必要**になります。このすべての鍵を手動で設定するのは大変なので、通常は**IKE**（アイク）（Internet Key Exchange）と呼ばれる仕組みを用いて鍵を設定します。

プラス1 ペイロード（payload）とは、pay ＋ load を組み合わせた造語です。データ通信においては「転送されるデータそのもの」を指します。ヘッダー以外の情報をペイロードと呼びます。

イメージでつかもう！

IPsecとは

IPsec は、IPパケットの暗号化と認証のためのプロトコルです。IPパケットをパケットごと暗号化して送信します。

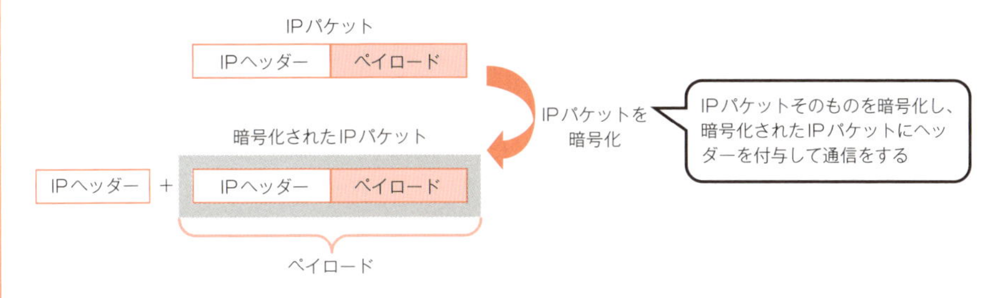

IKE（Internet Key Exchange）による鍵の交換とデータの送受信

IPsec で使われる鍵は、IKE により、自動的に設定されます。IKE が相手の認証に使う情報（例：IKE の IP アドレス情報や相手を認証するパスワードなど）は、事前に暗号化メールや FAX をはじめとする安全な手段で交換します。

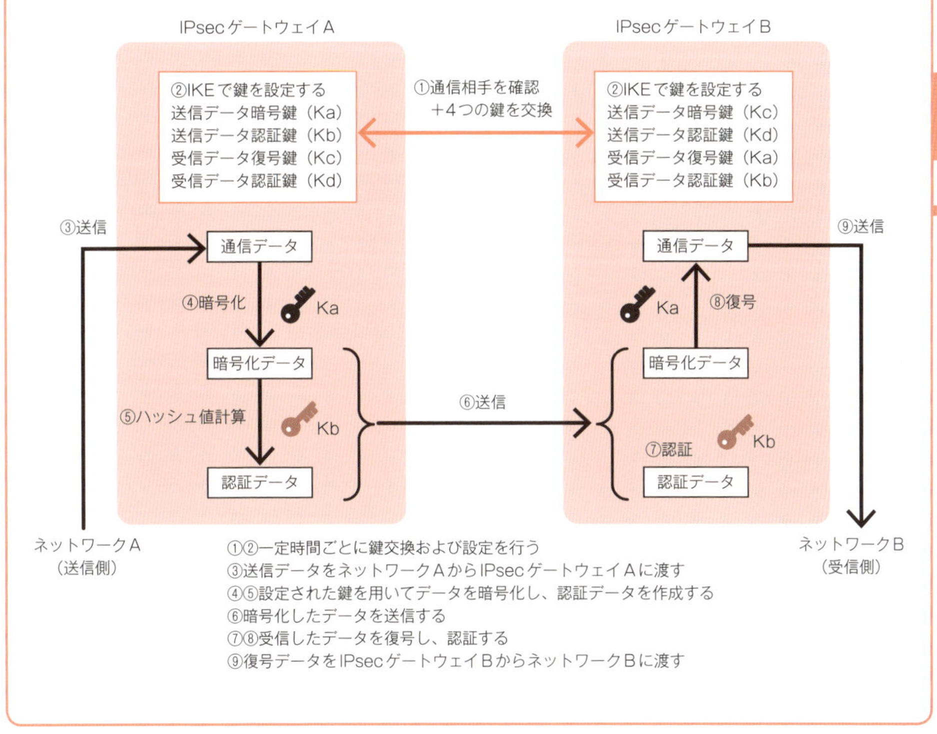

関連用語
暗号 ▶ p.36　VPN ▶ p.156　SSL-VPN ▶ p.160
共通鍵暗号方式 ▶ p.136　ハッシュ ▶ p.38

07 PPTPとSSTP

PPTP(Point-to-Point Tunneling Protocol)と**SSTP**(Secure-Socket Tunneling Protocol)はいずれも、**Microsoft社が開発したVPNプロトコル**です。どちらのプロトコルもWindowsに標準で搭載されているため、何らかのソフトウェアを追加・導入することなく利用できます。

● PPTP(Point-to-Point Tunneling Protocol)

PPTPは、**Windows 95のOSR2（OEM Service Release 2）から標準搭載されている歴史のあるVPNプロトコル**です。市販ルーターでも使われており、また、オープンソースで実装されたPPTPもあります。

このように、昔から広く利用されてきたPPTPですが、**PPTPに採用されている暗号アルゴリズム「RC4」は暗号強度が弱いため、通信内容を解読される危険性があります**。このため、最近のOSの中にはPPTPのサポートを終了するものも出てきています。

PPTP自体は使い勝手がよく、多くの環境で使用可能なVPNプロトコルなので、すぐに使用を中止すべきとまではいえませんが、**いずれは別のもっと安全なVPNプロトコルに乗り換えることを検討すべきでしょう**。

● SSTP(Secure-Socket Tunneling Protocol)

SSTPは、**Windows VistaのService Pack 1以降、およびWindows Server 2008以降でサポートされているVPNプロトコル**です。SSL/TLS(p.142)を用いて暗号通信を行うため、暗号アルゴリズムに強固なものを採用でき、かつTCPプロトコルを使うため、PPTPほどネットワーク構成の制約は厳しくありません。**Microsoft社謹製のSSL-VPNプロトコル**といえます。

ただしSSTPには、認証を必要とするプロキシサーバー（p.152）を経由してVPN接続をする機能がありません。そのため、このような環境でVPN接続を行う場合にはSSTPは利用できません。

プラス1 PPTPのサポートを終了したOSには、Mac OSや、iPhone上で動作するiOSなどが挙げられます。これらのOSでVPNを使う場合には、まずIPsecを使うことを視野に入れる必要があります。

イメージでつかもう！

PPTPサーバーによる接続

PPTPは、PPPを暗号化などで拡張したプロトコルです。古いWindowsを含め多くの環境で使用可能であり、導入しやすいという利点があります。
ただし現在ではRC4による暗号化の脆弱性が指摘されているため、最近のOSの中にはPPTPのサポートを終了するものも出てきています。

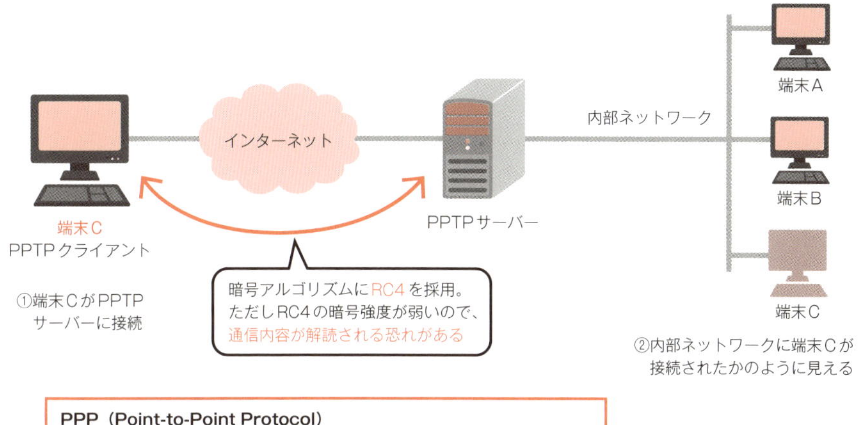

PPP（Point-to-Point Protocol）
PPPとは、1対1の接続を作り、データ通信を行うためのプロトコルです。

SSTPサーバーによる接続

SSTPサーバーでは、SSL/TLS側で強固な暗号を用いることで安全性が向上します。プロキシサーバー（ただし認証付きでないもの）経由でも接続できます。

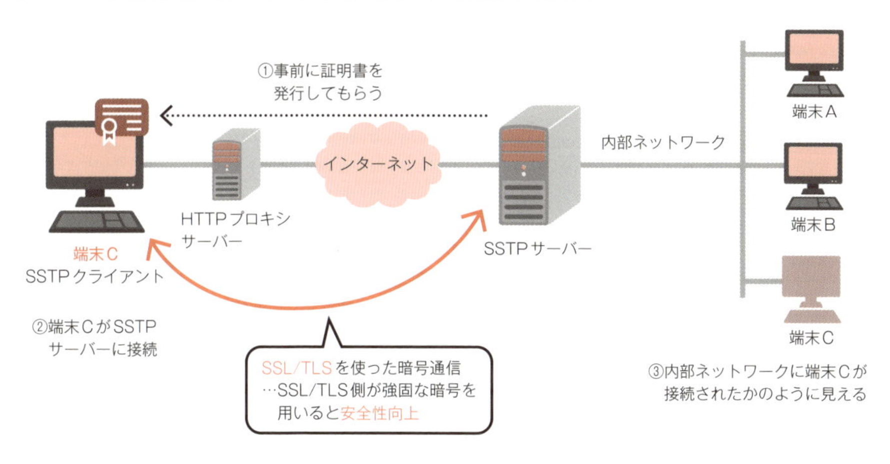

関連用語 VPN ▶ p.156　SSL/TLS ▶ p.142　IPsec ▶ p.158

08 その他のVPNの実装技術

VPN を実現するための技術は、先述の IPsec や PPTP、SSTP 以外にも多数存在します。ここではその中でも特に重要な 2 つの実装技術を紹介します。

● OpenVPN

OpenVPN（オープンブイピーエヌ）は、James Yonan が開発した**オープンソースの VPN ソフトウェア**です。前項で紹介した PPTP や SSTP とは異なり、**SSL/TLS**(p.142) や **SSH**(p.164) といった、さまざまな**暗号化通信プロトコル**を利用できます。また、対応しているプラットフォームも Windows、UNIX/Linux、Mac OS、iOS、Android と多いため、手軽に利用できます。

一方で、OpenVPN は**ルーターなどの機器に実装されていないことが多い**ため、OpenVPN を用いて VPN を構築するには、**VPN サーバー**が必要になります。

● PacketiX

PacketiX（パケティックス）は、ソフトイーサ社が開発・販売している VPN ソフトウェアです。PacketiX では、PacketiX 自体が規定する VPN プロトコル以外に、**L2TP + IPsec** や **SSTP** といった、他の VPN プロトコルや、**OpenVPN** クライアントによる接続も行えます。

対応するプラットフォームも OpenVPN と同様に多く、Windows、Mac OS、UNIX/Linux、Android、iOS で利用できます。

● OpenVPN と PacketiX の違い

OpenVPN と PacketiX では、機能面に大きな差異はありませんが、PacketiX のほうが通信性能は高いです。また、**OpenVPN はオープンソースソフトウェアなので無償で自由に使用できます**が、**PacketiX は商用ソフトウェアであり、ライセンスの購入が必要**です。とりあえず VPN を構成したいのであれば OpenVPN を、費用がかかったとしても一定の性能を必要とする VPN を構成するのであれば、PacketiX を選択するやり方が考えられます。

プラス1 Windows では「L2TP」というプロトコルを使用できます。L2TP は、自身では暗号化の仕組みを持たず、IPsec(p.158) を利用してデータを暗号化することで安全な VPN を実現する技術です。

イメージでつかもう！

OpenVPN

オープンソースのVPNソフトウェアです。クライアントの認証および通信の暗号化はSSL/TLS技術に基づいています。接続の種類にはルーティング方式とブリッジ方式の2つがあります。インターネット経由で社内LANに接続する例を示します。

ルーティング方式 クライアントは、サーバーが提供するOpenVPN専用のネットワークに接続します。社内LANへアクセスできるようにするには、サーバーの経路情報などを調整する必要があります。

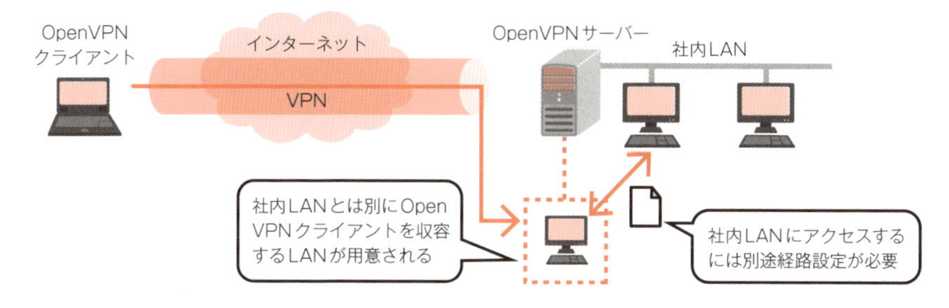

ブリッジ方式 クライアントは、社内LANの一員として直接追加されます。

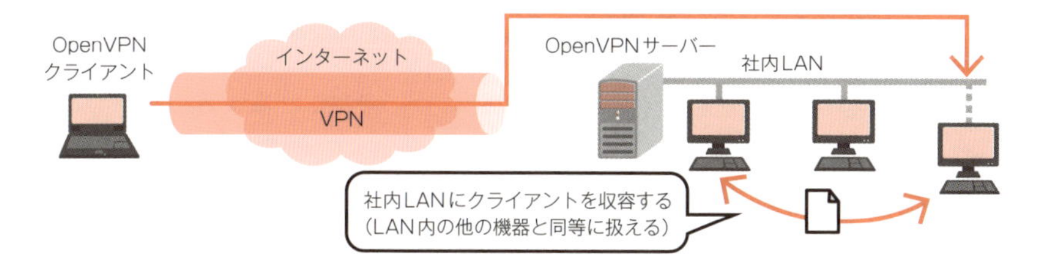

PacketiX

ソフトイーサ社の有償ソフトウェアです。PacketiXのVPNサーバーは、L2TP/IPsec　VPN、SSTP　VPN、OpenVPNといった従来のVPN方式と互換性を持たせる互換サーバー機能を備えており、専用クライアントを利用できない機器でもVPNを構築できます。

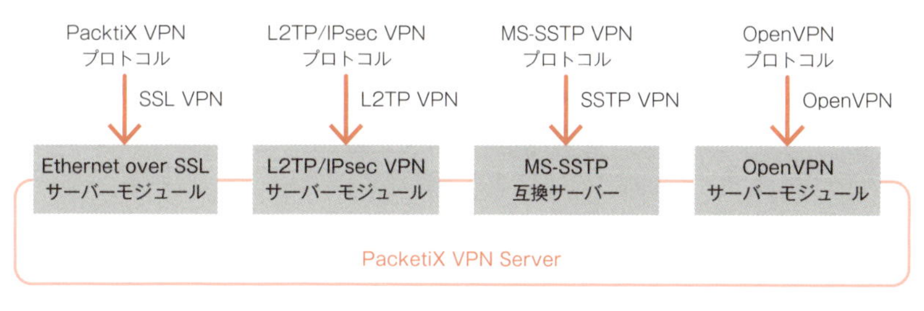

関連用語　VPN ▶ p.156　PPTP ▶ p.160　SSTP ▶ p.160　SSL/TLS ▶ p.142
SSH ▶ p.164　IPsec ▶ p.158

09 SSH

SSH(エスエスエイチ)(Secure Shell)は、**安全なリモートログインを実現するために用いられる技術**です。「Shell」はOSが提供するユーザーインタフェースです。SSHでは、各種の**暗号化技術**や**認証技術**などを利用することで安全性を確保します。

なお、「SSH」という表現は、文脈によって「**プロトコル**」を示す場合と、「**実装**」を示す場合があります。

SSHは、大きく「**鍵交換**」「**ホスト確認**」「**ユーザー認証**」「**通信データの暗号化**」の4つのフェーズを実現するプロトコルであり、最新バージョンはVersion 2です。特別な理由がない限りはVersion 2を用います。SSHの実装でよく使われるものとして、**OpenSSH**や**Putty**、**TeraTerm Pro**などがあり、いずれの最新版も、SSHプロトコルVersion2をサポートしています。

● SSHでリモートログインする際の認証方法

SSHでログインを行う際の認証方法には「**パスワード認証**」と「**公開鍵認証**」の2種類があります。

パスワード認証は、**リモートログイン時のユーザー認証に、パスワードを利用する方法**です。システムに設定されているパスワードをそのまま利用するため、SSHを使えるようにすること以外に、他に何か別の準備をする必要はありません。そのため、すぐにSSHを利用できるようになります。

なお、パスワードはSSHプロトコル上で暗号化されて送信されるため、簡単にパスワードが漏えいすることはありませんが、万が一でも**パスワードが漏えいしてしまった場合は、誰でもログインできる状態になってしまう**ため、決して安全性が高い方法であるとはいえません。

パスワード認証よりも安全な認証方法に「**公開鍵認証**」があります。公開鍵認証では事前に「秘密鍵」と「公開鍵」を用意する必要があるなど、パスワード認証と比べて手間がかかります。しかし、**秘密鍵を持っている人しかログインできないため、パスワード認証よりも安全性が高い**といえます。

プラス1 SSHは、ポート転送と呼ばれる仕組みを持っており、この仕組みを活用することで、簡易的にVPNに近いことを実現することも可能です。

イメージでつかもう！

SSH（Secure Shell）の仕組み

SSHは、リモートコンピューターに安全に接続するための仕組みです。

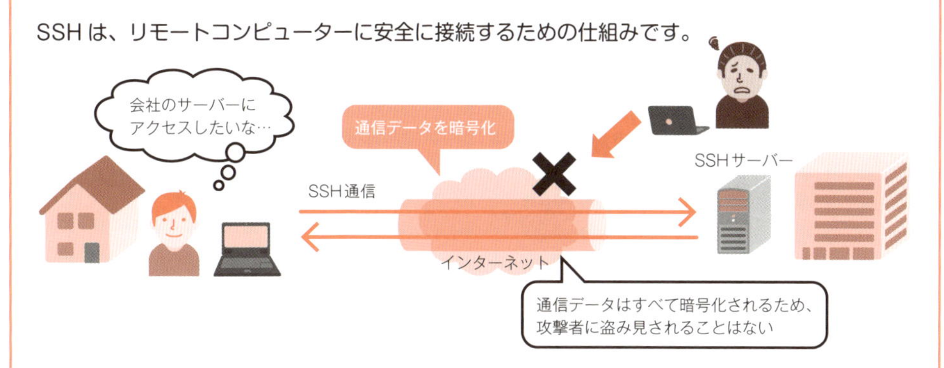

SSHの認証方法

SSHでリモートコンピューターに接続するための認証方法には、パスワード認証と公開鍵認証の2つがあります。

パスワード認証 パスワード認証は、システムに設定されたパスワードを入力して認証する方法です。設定などの手間はかかりませんが、パスワードのブルートフォース攻撃（p.98）などで不正にアクセスされる可能性があります。

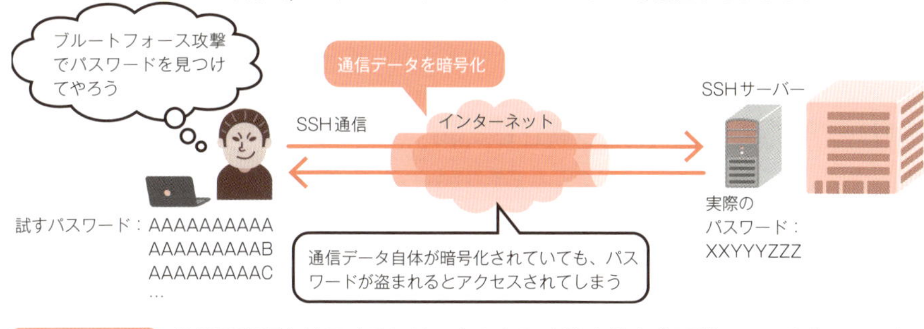

公開鍵認証 公開鍵認証を使用するには、あらかじめ秘密鍵と公開鍵のペアを作り、設定しておきます。事前準備の手間がかかりますが、パスワード認証よりも安全と考えられます。

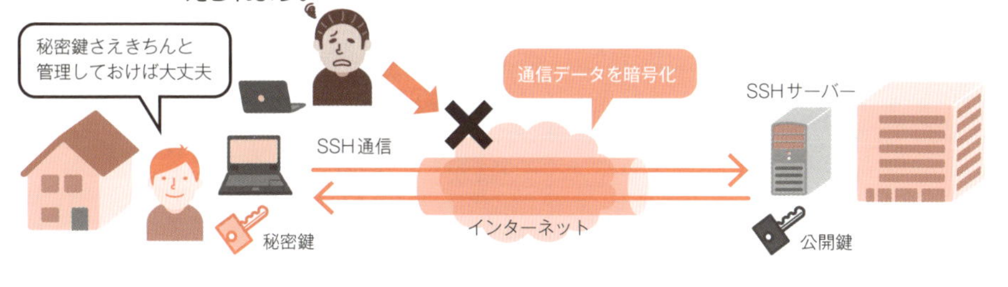

関連用語　パスワード ▶ p.42　RSA ▶ p.138　公開鍵暗号方式 ▶ p.138　秘密鍵 ▶ p.138

10 Telnet

Telnet(テルネット)(Teletype network)は、SSH(p.164)が普及する前に利用されていた、**旧来のリモートログインのためのプロトコル**です。以前は、UNIX/Linuxにリモートログインする場合によく使われていましたが、最近はより安全性の高いSSHを用いることが多いため、**今ではリモートログインのためにTelnetが使われることはほとんどありません**。

Telnetが使われなくなった理由

Telnetが使われなくなった最大の理由は、**Telnetの通信は安全性が低い**からです。Telnetでは通常、データを暗号化せず、**平文**(そのまま読める普通の文章)のまま送受信するため、パケットキャプチャ(p.82)などによって、通信の内容を窃取される危険性があります。**SSL**(p.142)などを利用することで通信データを暗号化することも可能ですが、現在ではより便利であり、かつ安全性の高いSSHが普及しているため、わざわざTelnetを利用するメリットがない、というのが実情です。

サーバーソフトウェアの動作確認用ツールとしてのTelnet

上記のように、リモートログインでは使われなくなってしまったTelnetですが、その存在価値がまったくなくなったわけではありません。

現在では、Telnetは「**サーバーソフトウェアの動作確認用ツール**」として利用されています。先述したように、Telnetクライアントは、指定したホストの指定したTCPポートに接続し、平文でデータの送受信を行うため、サーバーソフトウェアの動作確認に適しているのです。たとえば、TCPポート80番で接続を待ち受けるHTTPサーバーに対して、Telnetクライアントで接続を行い、HTTPプロトコルに則ったデータをサーバーに送り込むことで、HTTPサーバーからの応答を受け取ることが可能です。TelnetクライアントがSSLに対応しているのであれば、SSLサーバーとの通信も可能になります。

イメージでつかもう！

Telnetの仕組み

Telnet は、リモートコンピューターに接続するための仕組みで、SSH が普及する前はよく使われていました。通信データは平文でやりとりされるため安全とはいえず、リモート接続の目的では、今はほとんど使用されていません。

Telnetによるリモート接続

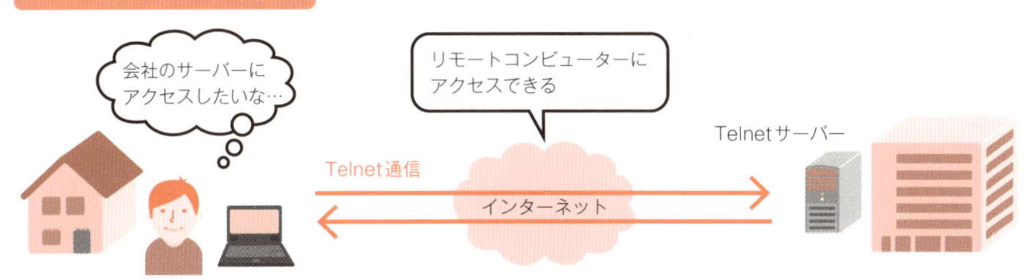

平文で通信を行うことによる危険性

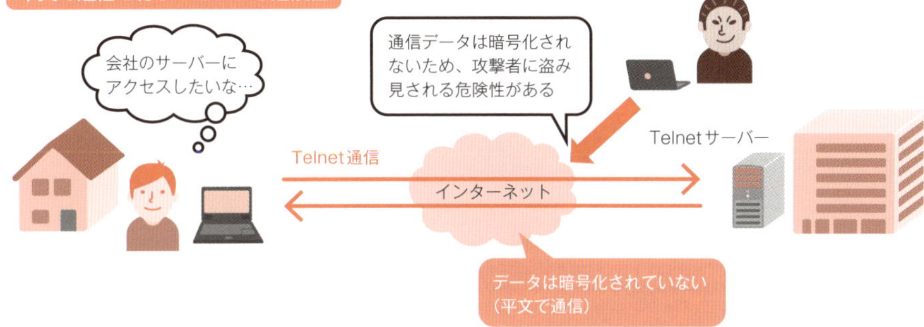

動作確認としてのTelnet利用

サーバーソフトウェアの動作確認などに Telnet が使用されることがあります。目的のサーバーのポートに接続してメッセージを送信すると、サーバーからの応答を受け取ることができます。

関連用語 SSH ▶ p.164　暗号 ▶ p.36　SSL ▶ p.142　パケットキャプチャ ▶ p.82

COLUMN

ネットワークセキュリティの肝

■ 具体的な事項を想像しやすいネットワークセキュリティ

ネットワークセキュリティは、インターネット経由の攻撃が黎明期から行われていることと、その対策が施行されていることを考えると、具体的に考えやすいセキュリティの１つといえます。

■ ネットワークセキュリティでは、入口・出口と通信路を守る

家にいながらにして世界のどこでも通信できるインフラ「インターネット」。家から世界のどこでも通信できるということは、世界のどこからでも自分のところに攻撃を仕掛けることが可能である、ということを意味します。

無防備なコンピューターをインターネットに何の備えもなくさらしておくと、間違いなくそのコンピューターは被害を受けます。

このようなことを防ぐために、インターネットとの接続点に着目し、少なくとも外部から自分のところへの攻撃は防ぐ必要があります。場合によっては、攻撃者によって自分のPCが乗っ取られた後でも、外部への攻撃を（可能な限り）抑止することが可能です。

そして、インターネット経由の通信は、平文が多く、盗聴されると内容が読み放題になることもありえますが、これを「盗み見されない」ために、通信路を守る必要があります。ネットワークセキュリティ技術には、このような要望に寄与する技術も含まれます（例：SSL/TLS）。

■ IoT時代にますます重要になるネットワークセキュリティ

世の中がIoT時代に突入してくると、ネットワーク経由で接続されるデバイスのセキュリティをどのように担保していくか？ はより重要になってきます。個別のデバイスを安全に開発・運用していく必要があるのは当然ですが、古いデバイスに対する安全を（デバイス自身で）確保するのが難しい場合には、デバイスの通信路をどのように守るか？ が重要になってきます。

Chapter

7

セキュリティ関連の法律・規約・取り組み

前章まではセキュリティについて、主に「技術的な側面」から解説してきましたが、本書最終章では視点を変えて、法律や規約、国や企業の取り組みなどについて解説します。もはや単独の企業や組織だけで対応することは不可能な状況であり、法律の整備や官民の連携が必要です。

01 セキュリティに関する3つの法律

サイバーセキュリティ基本法

サイバーセキュリティ基本法は、日本におけるサイバーセキュリティ関連の根拠法であり、日本が取り組む各種セキュリティ関連施策の根拠となります。この法律の対象範囲は『**「電磁的方式」によって「記録され、又は発信され、伝送され、若しくは受信される情報」**』と定義されています（第一章・第二条）。

不正アクセス行為の禁止等に関する法律

不正アクセス行為の禁止等に関する法律（略称：**不正アクセス禁止法**）は、情報システムへのネットワーク経由の不正ログインや、正規サイトのなりすましによってIDやパスワードを窃取したり、窃取したIDとパスワードを保存したり、IDとパスワードを用いることなく不正に認証・認可（p.34）の仕組みをバイパスするようなことを禁止する法律です。

たとえば、**フィッシングサイト**（p.91）を開設して他者から不正にIDとパスワードを窃取することや、窃取・保存したIDとパスワードの組を他者に提供することなどは、いずれもこの法律に違反する行為であり、**罪に問われます**。

ただし、容易に推測されるID、パスワードを外部から入力し、攻撃に悪用される懸念のあるIoT機器を特定することは、別の法律により、特定の機関に許可されることがあります。

不正指令電磁的記録に関する罪

不正指令電磁的記録に関する罪は、コンピューターウイルスの作成や保管に関する罪の分類です。2011年の**刑法改正**で追加されました。上記の不正アクセス禁止法の場合は新たな法律として整備されましたが、「不正指令電磁的記録に関する罪」は、**刑法に対する条文の追加**によって対応されました。具体的には、検証目的などの正当な理由がないのにコンピューターウイルスを作成する行為や、他者へ譲渡すること、また他者へ感染させる行為などを禁止する内容になっています。

プラス1 本項で紹介した法律以外にも、たとえば「電子署名及び認証業務に関する法律」というように、電子化された情報に対する署名や認証について扱いを決めている法律もあります。

イメージでつかもう！

サイバーセキュリティ基本法

日本のセキュリティ対策に関する施策を推進するための法律で、サイバーセキュリティの戦略の策定やその他の施策の基本となる事項を規定しています。
2016年の改正で不正な通信に対する監視対象の拡大や、国家資格「情報処理安全確保支援士」制度が新設されました。

不正アクセス禁止法

不正アクセス禁止法とは、不正に入手した他人の ID とパスワードを使用して、知り合いに電子メールを送ったり、サーバーに侵入するような行為を禁止する法律です。

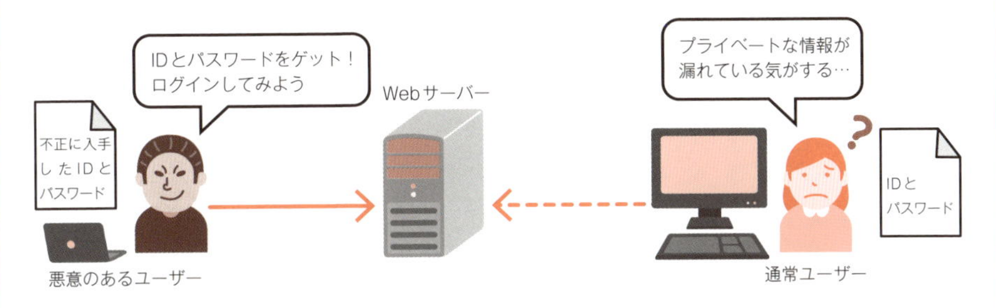

不正指令電磁的記録に関する罪

この法律により、ウイルスの作成、提供、供用、取得、保管などの行為が罰せられることになります。

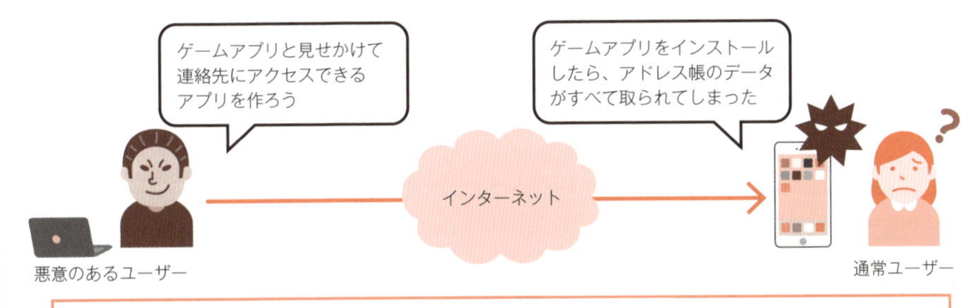

検証目的などの正当な理由がないのにコンピューターウイルスを使用者の意図とは無関係に勝手に実行したり、あるいは実行できる状態にした場合、ウイルス供用の行為にあたります。

これらのセキュリティに関連した法律で罰することができない場合、従来の法律で対処できることがあります（p.174）。

関連用語　フィッシングサイト ▶ p.91　DoS/DDoS ▶ p.100　ウイルス ▶ p.94

02 個人情報とマイナンバー

● 個人情報

個人情報は、その名のとおり、**個人を特定する情報**です。「氏名」「生年月日」「住所」「性別」の４つは、個人情報の中でも「**基本４情報**」とも呼ばれます。

事業者に対して個人情報の適切な保護を求める法律が、「**個人情報の保護に関する法律**」（略称：**個人情報保護法**）です。この法律は2003年5月23日に成立し、2005年4月1日に全面施行されました。なお、個人情報には、基本4情報の他に、「**要配慮個人情報（機微情報）**」と呼ばれる、「人に知られたくない情報（病歴・思想・資産など）」も含まれます。そして、基本的には、要配慮個人情報のほうが、基本4情報よりも厳格に管理することが求められます。その他、EU圏の個人情報については、EU一般データ保護指令（GDPR）に準拠した管理も求められます。

● マイナンバー（個人番号）

マイナンバーは、「**個人情報の保護に関する法律及び行政手続における特定の個人を識別するための番号の利用等に関する法律の一部を改正する法律**」（通称：**マイナンバー法**）に基づいて、日本に住民登録があるすべての個人に付与される**12桁の番号**です。一般的には「マイナンバー」といわれますが、正式名称は「**個人番号**」です。

なお、マイナンバーは個人と紐付いている番号なので、当然、個人情報のうちの１つといえそうですが、実は個人情報ではありません。**マイナンバーは法律で用途が規定されているため、個人情報の枠組みで取り扱うと不具合が生じる**ことから、個人情報とは別の「**特定個人情報**」として扱われます。

「個人情報」と「特定個人情報」は、**情報の性質が異なる**ため、同列に扱うことはできません。個人情報は、個人情報の所有者（本人）から同意を得た事業者が、同意を得た範囲で利用できますが、特定個人情報は、利用可能な分野がマイナンバー法で定められています。具体的には「**納税**」「**社会保障**」「**災害**」関連の行政手続でしか使用できません。また、個人情報の漏えいに関しては、法律上の罰則規定はありませんが、特定個人情報（マイナンバー）の漏えいに関しては罰則規定があります。

プラス1　個人情報とマイナンバー、GDPRについて、さらに詳しく知りたい場合は、個人情報保護委員会のWebサイト（https://www.ppc.go.jp/）を参考にしてください。

イメージでつかもう！

個人情報と特定個人情報

特定個人情報は、その中に個人情報も含むため、「マイナンバー法」と「個人情報保護法」の両方が適用されます。

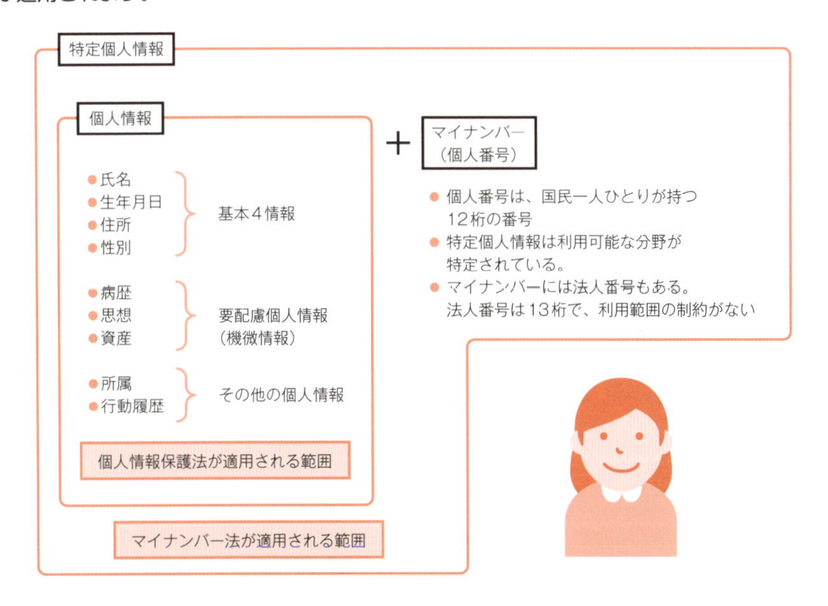

個人情報と特定個人情報の取り扱いの違い

マイナンバーを含む特定個人情報は、保護の対象となる個人番号の重要性から、個人情報よりも厳格なルールが課されています。具体的には以下のような違いがあります。

	個人情報（個人を特定するあらゆる情報）	特定個人情報（マイナンバーを含む個人情報）
利用目的の範囲	取得した側（事業者）が自由に決めることができる	税・社会保障・災害対策の範囲に利用が限定されている
不要となった情報の取り扱い	遅延なく消去するよう努めることとされている	定められた保存期間を経過した場合、速やかに消去あるいは削除しなければならない
第三者への提供	本人の同意があれば提供することが可能	本人が同意しても、原則として第三者への提供はできない
提供の記録作成等の要否	原則必要	第三者提供できないため想定外
安全管理措置	組織的、人的、物理的、技術的に措置する	基本的には個人情報と同じ取り扱い。ただし、取り扱う事務範囲、特定個人情報の範囲、個人番号の削除、機器の廃棄などに固有の内容がある
漏えい等発生時の対応	被害を最小限にとどめるよう対応する	一定の場合には個人情報保護委員会への報告が法律上の義務

関連用語　個人情報 ▶ p.24　要配慮個人情報 ▶ p.24　マイナンバー ▶ p.26　特定個人情報 ▶ p.26

03 従来の法律を用いた対応策

セキュリティ上の脅威（サイバー攻撃など）は多種多様であり、また常に新しいものが生まれ、変化しているため、それらを適切に取り締まる法律を新たに作り続けることは困難です。時代に合わせて法律を整備することも重要ですが、それをただ待つだけでは直面している脅威を野放しにしてしまうことにもつながります。このため実際には、**従来の法律の解釈を広げることで現時点のセキュリティ上の脅威に対抗することがあります**。典型的な例としては、**サービス妨害**や**機密情報の漏えい**などがその対象として挙げられます。

● 電子計算機損壊等業務妨害

DoS/DDoS攻撃（p.100）は、その攻撃の内容的にサイバーセキュリティ基本法や不正アクセス禁止法（p.170）で取り締まることができないのですが、攻撃で使われる手法を見ると、明らかに不当な方法によるものが多いため、既存の法律にある「**電子計算機損壊等業務妨害**」（人の業務に使用する電子計算機を損壊するなどの方法によって、電子計算機の使用目的に沿うべき動作をさせず、または使用目的に反する動作をさせて、人の業務を妨害する行為）で取り締まることができます。

なお、利用者のある行為によって、結果的に対象のビジネスやサービスが継続できない状態に陥った場合でも、その行為に妨害の意図がなく、単純な設計ミスや操作ミスなどによるものの場合は、この法律は適用されないと考えるのが妥当です。

● 不正競争防止法

マルウェア（p.94）などを用いて企業から情報を盗み出す行為は「**窃盗罪**」には該当しません。しかし、盗み出した情報を、他のビジネスで活用する行為は「**不正競争防止法**」（不正な方法によるビジネスを取り締まるための法律）に抵触することが多いとされます。ただし、この法律を適用するためには、**盗まれた情報が機密情報として管理されていることが必要**なので注意してください。

プラス1 2016年4月にネクソン社のオンラインゲーム「サドンアタック」に対してDDoS攻撃を行ったとして、少年1人が電子計算機損壊等業務妨害罪で書類送検されるという事件がありました。

イメージでつかもう！

従来の法律でサイバー攻撃に対処する

仕掛けられたサイバー攻撃の種類によっては、不正アクセス禁止法などのセキュリティ関連の法律で規定された罪の内容と合致せず、取り締まることができない場合があります。そのような場合は、従来の法律で対処することがあります。

電子計算機損壊等業務妨害にあたる例：DDoS攻撃

DDoS 攻撃とは、多数の端末を操り、ターゲットとなる Web サイトに集中アクセス攻撃を仕掛けて Web サイトをダウンさせたり、サービス不能にさせる攻撃ですが、法律上の「不正アクセス」の判定基準を満たしていません。

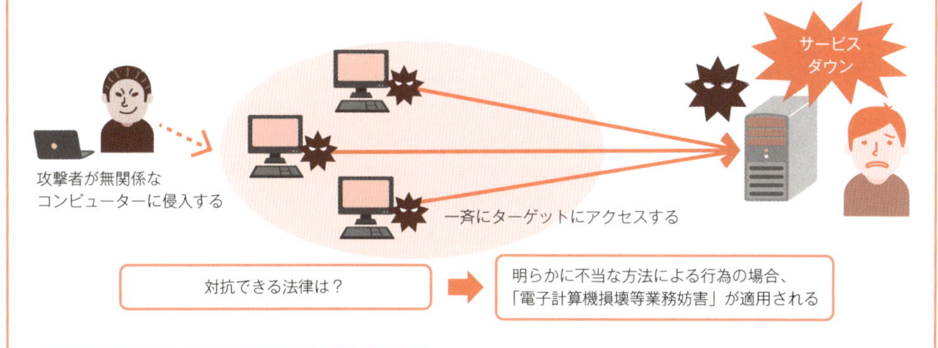

対抗できる法律は？ → 明らかに不当な方法による行為の場合、「電子計算機損壊等業務妨害」が適用される

不正競争防止法にあたる例：機密情報の複製

情報が記載された紙を盗めば窃盗の罪にあたりますが、機密情報の複製は窃盗の判定基準を満たしません。

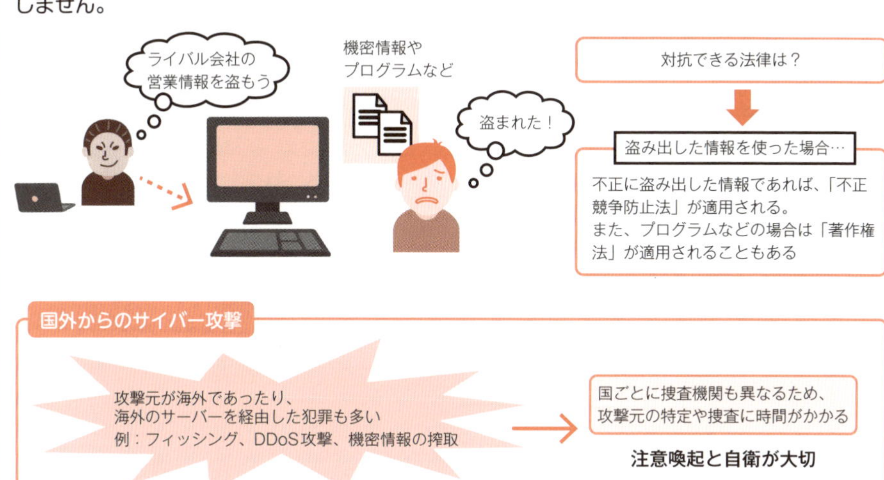

対抗できる法律は？

盗み出した情報を使った場合…

不正に盗み出した情報であれば、「不正競争防止法」が適用される。
また、プログラムなどの場合は「著作権法」が適用されることもある

国外からのサイバー攻撃

攻撃元が海外であったり、
海外のサーバーを経由した犯罪も多い
例：フィッシング、DDoS攻撃、機密情報の搾取

→ 国ごとに捜査機関も異なるため、攻撃元の特定や捜査に時間がかかる

注意喚起と自衛が大切

関連用語
情報漏えい ▶ p.18　DoS/DDoS ▶ p.100　不正アクセス禁止法 ▶ p.170
マルウェア ▶ p.94

04 法令遵守を徹底する

「セキュリティはわかるけど法律はわからない」は危険

本書をここまで読み進めてこられた方はすでに「**セキュリティ対策では、結構危険な技術や人間を相手にする**」ということを十分に理解していただけたかと思います。攻撃を仕掛ける相手が無法者（アウトロー）であるのに対して、セキュリティ対策を行う我々は法律やルールを守る必要がある、というのは不公平な気もしますが、これは**前提条件**です。絶対に守るようにしてください。稀に「**攻撃者にやりかえす」ような話題が出ることがありますが、これは絶対にやってはいけない行為の1つ**です。やりかえす方法によってはみなさんが犯罪者になってしまうことも十分にありえます。マルウェアを理由なく保持し続けることも犯罪になるので注意してください。

常識と良識を大切にする

自分自身の**常識**や**良識**に照らし合わせて、「これはやばい」「まずい」と直感することは、やらないのが吉です。これは、法律自体が世間一般の常識や良識をベースに構成されており、常識的に危ない、またはアウトと思えるものは、法律上もアウトになる可能性が高いことに起因します。もちろん、最終的には裁判などの手続きを経ることで、セーフの解釈を与えられることはありえますが、「まずい」と思われることをやってしまったら、いったんは警察などの法執行機関による何らかの調べを受けます。

自分の興味は自分の家で行う

「攻撃を行う」のは、常識や良識に照らし合わせると「ダメ」なケースが多いです。しかし、**攻撃を研究したり、実際に攻撃を仕掛けたりすることによって技術力が向上する場合**もありえます。技術力の向上に努めることは決して悪いことではないので、興味のある人はセキュリティ関連の技術も磨いてほしいのですが、もし実際に攻撃を仕掛ける場合は、必ず、**自分の家で自分の環境に対して攻撃を仕掛けてください**。業務上、外部のシステムに攻撃を仕掛ける場合には、**当該システムの関係者と合意を取り、書面などでの契約を締結**した後で実施してください。そうしないと捕まりかねません。

イメージでつかもう！

実作業に関する知識と法律に関する知識の両方が必要

自動車で公道を走行するには、運転技術と走行に関連する法律を理解し、免許を取得する必要があります。セキュリティ技術の利用でも同様に、技術と法律を理解する必要があります。

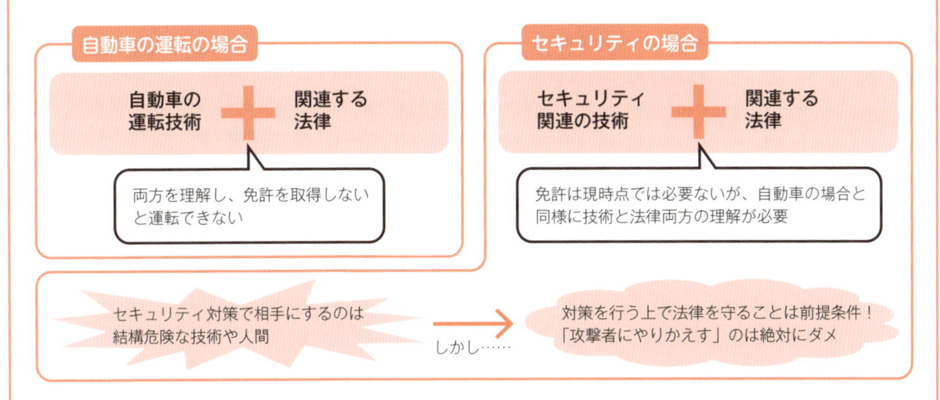

常識と良識を大切に

常識・良識と法律

法律は、常識や良識の一部。直感的に「やっちゃダメなんじゃ？」と感じるようなことは、たいてい法律上「ダメ」になります。

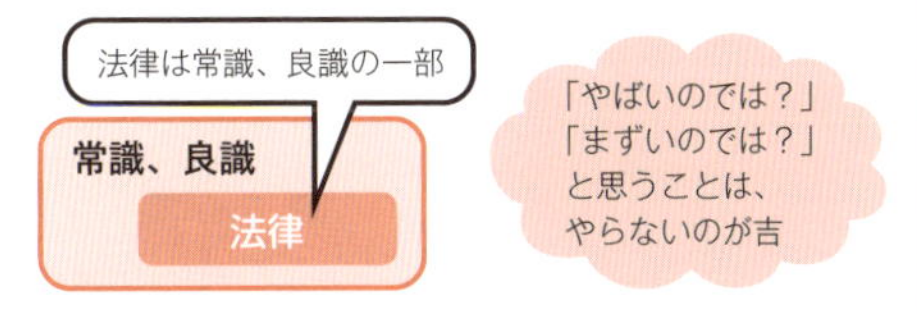

技術力向上のための攻撃は自分の家の中で

無思慮に外部を攻撃すると何らかの法律に抵触する可能性が高いですが、自分が管理する環境に対する攻撃なら、壊れるのは自分の環境だけです。業務で一見攻撃と区別が付かないような脆弱性検査などを行う場合は、正当な検査として事前に契約を締結しましょう。

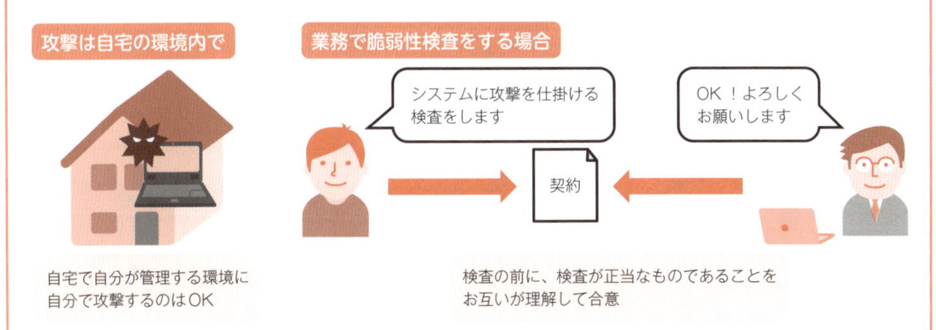

関連用語
攻撃者 ▶ p.90　マルウェア ▶ p.94　サイバーセキュリティ基本法 ▶ p.170
ペネトレーションテスト ▶ p.134

05 情報セキュリティマネジメントシステムと個人情報保護マネジメントシステム

情報セキュリティマネジメントシステム（ISMS）とは

情報セキュリティマネジメントシステム（**ISMS**（アイエスエムエス））は組織における情報セキュリティを管理するための仕組みで、構築と運用の方法は国際規格であるISO/IEC 27001に規定されています。

ISO/IEC 27001は、日本では**JIS Q 27001**が対応し、最新版はISO/IEC 27001:2013およびJIS Q 27001:2014になります（本書執筆時点）。ISMSを構築し、維持運用していることを証明するための第三者認証制度も運用されています。

個人情報保護マネジメントシステム（PMS）とは

個人情報保護マネジメントシステム（**PMS**（ピーエムエス））は、**個人情報のセキュリティを管理する仕組み**で、**JIS Q 15001:2006**がPMSのベースとなります。PMSにも、構築から維持運用を証明するための第三者認証制度として「**プライバシーマーク（Pマーク）**」が運用されています。

PMSとISMSとの相違点としては、PMSではセキュリティ管理の対象となる情報資産を「**個人情報に関連するもの**」に限定している点が挙げられます。また、ISMSにはJIS文書に対応するISO/IECの文書があり、国際規格としての側面も持ちますが、PMSには対応するISO/IECの文書はなく、あくまで国内でのみ有効な規格となります。

第三者認証制度による審査の違い

ISMSとPMSは「**構築・運用が維持されていることを証明するための第三者認証制度がある**」という点では共通していますが、その内容は大きく異なります。最大の相違点は、ISMS認証では「**認証を受ける法人が〈審査の範囲（審査対象）〉を決められる**」のに対して、プライバシーマーク（PMSの認証）は「**法人ごとに取得する必要がある**」点です。つまり、ISMS認証は「一企業が複数の認証を取得している」状況が生じますが、プライバシーマークは1つの企業で1つしか取得できません。

プラス1 プライバシーマーク認定番号はAAnnnnnn(mm)のように10桁で表記（mmは省略可）されます。AAは審査機関コード、nnnnnnは事業者番号、mmは最初は01で更新ごとに1ずつ増加します。

イメージでつかもう！

ISMSとPMS

ISMS（情報セキュリティマネジメントシステム）は情報セキュリティを管理するための仕組みで、PMS（個人情報保護マネジメントシステム）は個人情報のセキュリティを管理する仕組みです。「マネジメントシステム」といってもコンピューターシステムのことではなく、組織での体制や取り組みのことを指しています。

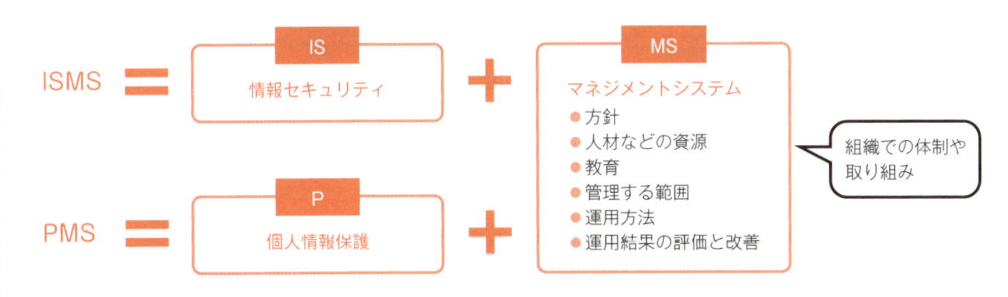

PDCAサイクル

ISMSやPMSは一度構築したら終わりではなく、一般的にはPDCAサイクルを通じて改善を繰り返します。

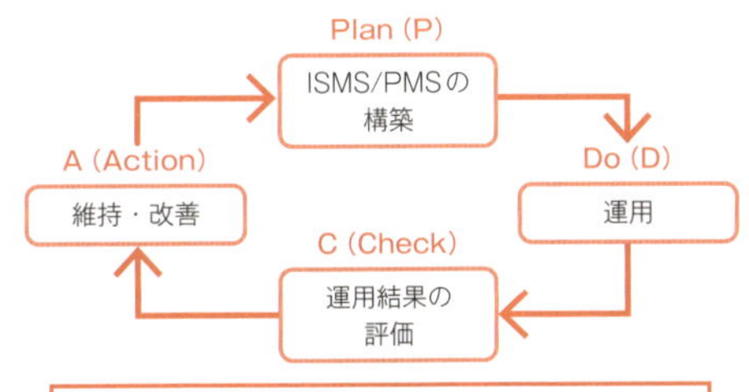

PDCAサイクル：Plan（計画）→Do（実行）→Check（評価）→Action（改善）を繰り返すことで、業務を改善していくプロセスのことです。

管理対象

ISMSは情報資産全般が管理対象ですが、PMSは個人情報のみを対象とします。

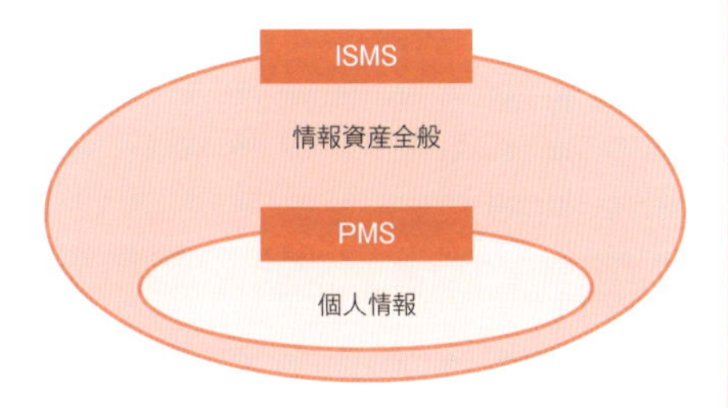

規格と認定

ISMS と PMS の規格と認定制度は以下のとおりです。

	ISMS	PMS
国際規格	ISO/IEC 27001	なし
国内規格	JIS Q 27001	JIS Q 15001
認定制度	ISMS 適合性評価制度	プライバシーマーク制度
審査の範囲	認証を受けようとする法人が範囲を決められる（1 つの企業が事業所などの単位で複数取得できる）	法人ごとに取得する（1 つの企業につき 1 回）
継続・更新審査	1 年に 1 度の維持審査（継続審査） 3 年に 1 度の更新審査	2 年に 1 度の更新審査

関連用語　個人情報 ▶ p.24　ISO ▶ p.16

06 IPAとJPCERT/CC

脆弱性情報の取り扱い方法

現在、ソフトウェアなどの脆弱性関連情報の多くは、**公表前に必要なところに適切に引き渡され、適切な修正が行われる**ようになっています。

この営みは、日本では「**ソフトウエア製品等の脆弱性関連情報に関する取扱規程**」（平成二十九年経済産業省告示第十九号）、および「**受付機関及び調整機関を定める告示**」（平成二十九年経済産業省告示第二十号）によって大枠が定められ、「**情報セキュリティ早期警戒パートナーシップガイドライン**」の中で実施方法が定められています。たとえば、脆弱性の発見者に求める役割と責任、開発者に求める役割と責任があります。いずれの役割にも、公開される前の脆弱性について機密保持を求めています。

脆弱性に適切に対処するための機関

脆弱性のないソフトウェアは存在しません。重要なのは、発見された脆弱性を放置せず、適切に修正することです。

日本ではソフトウェアの脆弱性を適切に修正するために、発見された脆弱性の情報を受け付ける「**届出受付機関**」と、届出のあった脆弱性情報を本来必要な企業などに適切に通知し、修正などを促していく「**調整機関**」を用意しています。これらの機関は、**政令**によって指定されています。

日本における脆弱性の届出受付機関は**IPA**（アイピーエー）(Information-technology Promotion Agency, Japan：**独立行政法人情報処理推進機構**）です。そのため、届出先の連絡先が明らかになっているシステムやソフトウェアでは、発見された脆弱性を当該の連絡先に知らせればよいですが、そうでないシステムやソフトウェアの脆弱性を発見した場合は、IPAに届け出ることになります。

また、日本における脆弱性の調整機関は**JPCERT/CC**（ジェーピーサートシーシー）(JPCERTコーディネーションセンター）です。JPCERT/CCは、IPAに届け出がされた脆弱性情報を適切に取り扱い、脆弱性を持つソフトウェアの開発者をはじめとする関係者や組織に対して、修正のための働きかけを行うなどの調整を行います。

プラス1　IPAは、脆弱性のハンドリング以外にもセキュリティに関する普及啓発業務を業務上の大きな柱の1つとしています。また、JPCERT/CCはナショナルCSIRTとしての役割を担っています。

イメージでつかもう！

IPAとJPCERT/CC

日本には、脆弱性の届出受付機関としてIPAがあり、調整機関としてJPCERT/CCがあります。ソフトウェアなどに脆弱性を発見した場合、発見者はIPAに届出を行います。届出を受けて、JPCERT/CCは開発した企業や組織などに対応を働きかけます。

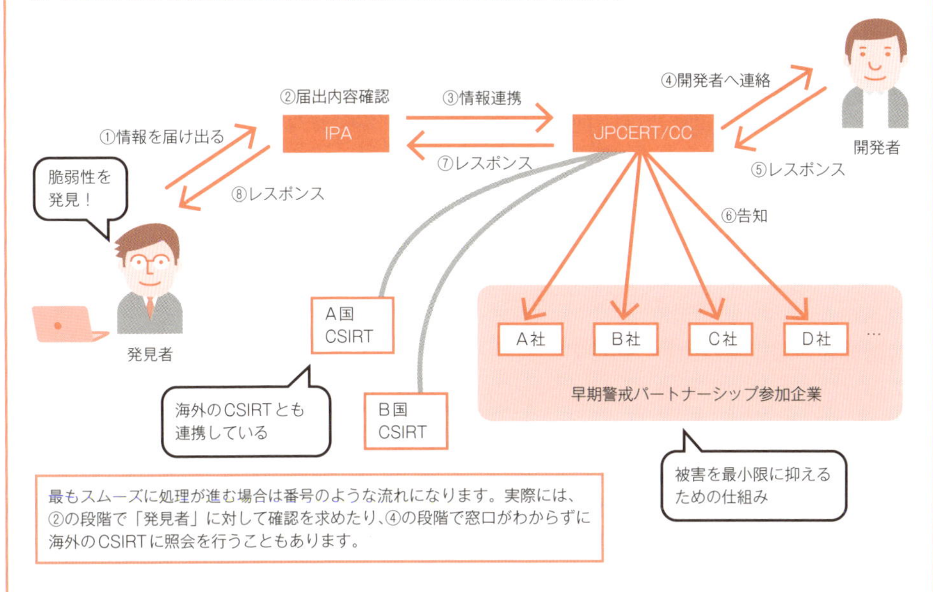

最もスムーズに処理が進む場合は番号のような流れになります。実際には、②の段階で「発見者」に対して確認を求めたり、④の段階で窓口がわからずに海外のCSIRTに照会を行うこともあります。

IPAとJPCERT/CCが作られる前は…

IPAやJPCERT/CCが脆弱性情報の管理を行う前は、脆弱性を発見した個人がそれぞれのタイミングで、メーリングリストやWeb、セミナーなどで公開していたため、大混乱が生じていました。

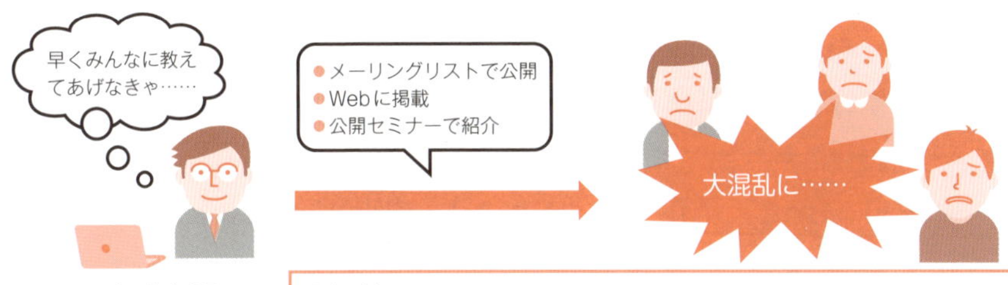

過去の例
- セミナーの資料によって脆弱性悪用の方法とその方法による個人情報漏えいが顕在化
- 攻撃手法を実際に使った人が複数逮捕された
- 攻撃方法を知る人への風当たりが強くなったことなどが原因で、攻撃方法の研究にブレーキがかかった

関連用語 脆弱性 ▶ p.92 情報セキュリティ早期警戒パートナーシップ ▶ p.182

07 情報セキュリティ早期警戒パートナーシップ

情報セキュリティ早期警戒パートナーシップ（以下、パートナーシップ）とは、**脆弱性関連情報に着目し、必要な情報を必要な関係者に送り届けることで、発生する被害を最小限に留めるための枠組み**です。

3つの脆弱性関連情報

脆弱性に関連する情報をまとめて「**脆弱性関連情報**」と呼ぶことが多いのですが、脆弱性関連情報は、大きく分けると以下の3種類があります。

- **脆弱性情報**：脆弱性そのものの情報
- **検証方法**：脆弱性の有無を見極めるための方法
- **攻撃方法**：脆弱性を悪用する方法

このような情報を入手した人を「**発見者**」と呼び、発見者に対して求める対応なども、パートナーシップの中で述べられています。

発見者とは、脆弱性を発見し、然るべき機関に届け出る人

発見者に求められるのは、**発見した脆弱性関連情報をIPAなどの受付機関に届け出ること**と（p.180）、届け出た脆弱性情報が一般公開されるまで、**その情報が第三者の目に触れることないように厳重に管理すること**です。たとえば、「ブログやソーシャルメディアへ投稿しない」「公開前に他者に話さない」といったことに注意します。

なお、不正アクセスなどの不法行為によって脆弱性情報を入手した場合、その情報をIPAに届け出たからといって**不法行為が減免されることはありません**。むしろ、不法行為の結果であることが明白な届出の場合は、脆弱性関連情報の取り扱いが行われないこともあります。

最も想像しやすいのはWebサイトの脆弱性です。通常のレスポンス情報などを読み解くことで、脆弱性が存在する可能性を指摘することは適法ですが、実際に攻撃を行って認証回避を行い、内部情報や非公開情報を攻撃対象から取得することは、**不正アクセス禁止法**に抵触する行為になるので絶対に行わないでください。

イメージでつかもう！

情報セキュリティ早期警戒パートナーシップ

情報セキュリティ早期警戒パートナーシップとは、日本国内で利用されるソフトウェアや、日本国内からのアクセスが想定されるサイトで稼動するWebアプリケーションを対象として、脆弱性情報を適切に取り扱うための枠組みです。

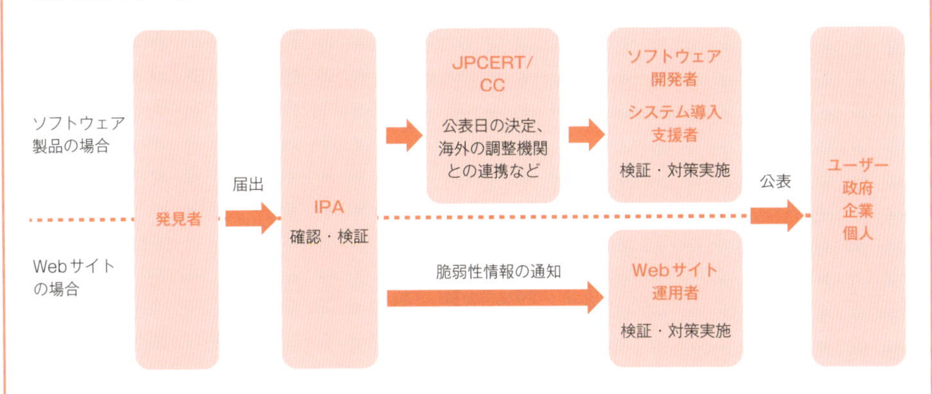

脆弱性関連情報

脆弱性情報 脆弱性そのものの情報
（例：ソフトウェアAのバージョン1.2.3以前には入力ファイル検証時の脆弱性がある）

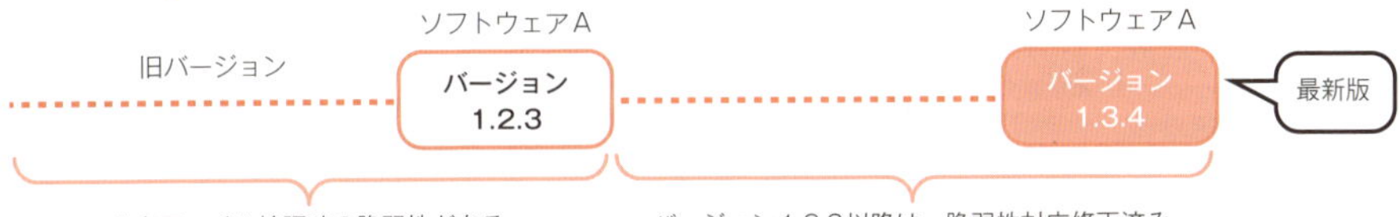

検証方法 脆弱性を悪用する方法
（例：ソフトウェアAのバージョンをチェックする）

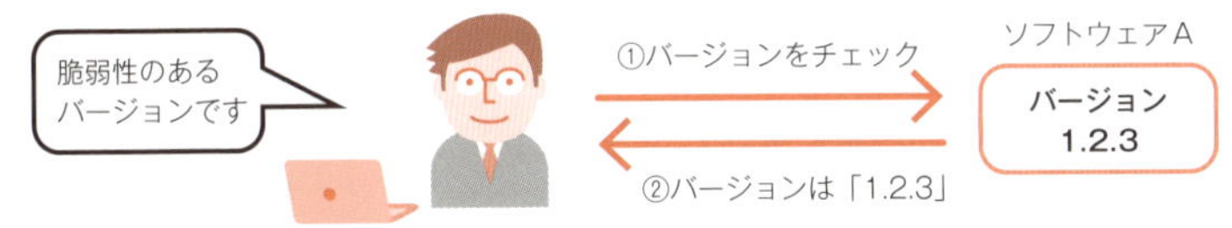

攻撃方法 脆弱性の有無を見極めるための方法
（例：不正な入力ファイルによって不正な画面を表示する）

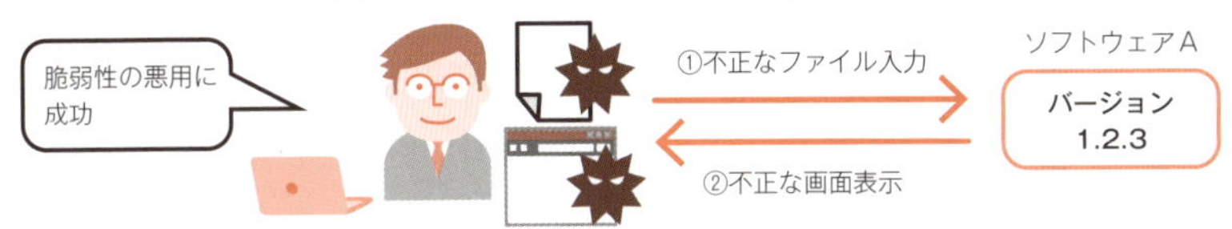

関連用語 脆弱性 ▶ p.92　IPA ▶ p.180　JPCERT/CC ▶ p.180　不正アクセス禁止法 ▶ p.170

08 セキュリティ関連の資格

セキュリティに関する資格は多数ありますが、大きくは**公的資格**(国家資格も含む)と**民間資格**に分類されます。民間資格はさらに、ベンダーや製品に依存する資格と依存しない資格に分類されます。

資格の有無と実務能力は必ずしも一致するわけではありませんが、資格を取得しておけば、「**各資格が求める最低限の知識および経験**」を保有していることを第三者に示せます。本項では「**情報処理安全確保支援士**」と「**CISSP**」を紹介します。

それ以外のセキュリティ関連資格については右ページで概要を紹介します。

● 情報処理安全確保支援士

情報処理安全確保支援士(通称:**登録セキスペ**)は、サイバーセキュリティの実務能力を保有する専門家の育成・確保を目的とした国家資格です。実際の運営は、IPA(独立行政法人情報処理推進機構)が行っています。

情報処理安全確保支援士の資格取得には、情報セキュリティに必要な知識要素の理解が求められます。企業や組織における安全な情報システムの企画・設計・開発・運用の支援と、サイバーセキュリティ対策の調査・分析・評価およびその結果に基づく指導・助言を行うことを期待されています。資格を維持するためには、定められた講習の受講と3年に1度の更新が必要です。

● CISSP(Certified Information Systems Security Professional)

CISSPは、国際的なセキュリティ専門家を育成する団体**(ISC)²**により運営されている、**情報セキュリティの専門家を認定する資格**です。この資格は民間資格です。

CISSPの取得には、情報セキュリティに必要な知識要素の理解と、情報セキュリティ分野での実務経験が最低4年必要です。必要な知識要素は8つの分野に分けられ、それぞれの分野で理解度を求められます。CISSPの保持者は、たとえばCISO(p.71)やCISOを補佐する役割など、セキュリティを理解・実践できる役割で業務を遂行することが期待されています。CISSPの資格継続のためには年会費の支払いおよび、継続研鑽を行い、所定の基準を満たす必要があります。

イメージでつかもう！

情報処理安全確保支援士とCISSP

	情報処理安全確保支援士	Certified Information Systems Security Professional (CISSP)
運営	独立行政法人情報処理推進機構（IPA）	(ISC)²
試験範囲	● IT に関する基本的な事項 ●情報セキュリティについて、実際に分析・対処を行える応用知識を問う事項 ●情報セキュリティに関連した法律に関する基本的な事項	以下の８つのドメインに関する事項 ●セキュリティとリスクマネジメント ●資産のセキュリティ ●アイデンティティとアクセスの管理 ●セキュリティの運用 ●セキュリティエンジニアリング ●通信とネットワークセキュリティ ●ソフトウェア開発セキュリティ ●セキュリティの評価とテスト
取得の利点	セキュリティに関する応用知識を保有し、実務を遂行できることを客観的に示すことが可能	●セキュリティに関する応用知識を保有し、実務を遂行できることを客観的に示すことが可能 ●国際的な資格であるため、海外でも一定の評価を得られる
備考	登録後、資格の有効期限は３年。資格継続のためには、IPA が定める所定の講習を受ける必要がある	登録後、資格の有効期限は３年。資格継続のためには、知識維持のためのトレーニングを行う必要がある
URL	https://www.ipa.go.jp/siensi/	http://japan.isc2.org/cissp_about.html

その他のセキュリティに関する資格

	情報セキュリティマネジメント試験	ネットワークスペシャリスト	ドットコムマスターベーシック
運営	独立行政法人情報処理推進機構(IPA)	独立行政法人情報処理推進機構(IPA)	NTT コミュニケーションズ
試験範囲	情報セキュリティの考え方、管理、実践規範、各種対策、関連法規および、ネットワーク、システム監査、経営管理などの関連分野	ネットワークに関する技術全般だが、ネットワークセキュリティに関する事項も範囲となる	●情報機器の活用 ●インターネットへの接続 ●インターネットの活用 ●インターネットの安全性・モラル
取得の利点	セキュリティに関する基礎的な知識を保有していることを、客観的に示すことが可能	ネットワークセキュリティを含む、ネットワークに関する専門的な知識を保有することを、客観的に示すことが可能	IT に関する基礎的な知識を保有していることを、客観的に示すことが可能
備考	国家資格	●国家資格 ●情報処理技術者試験の枠組で実施される試験には、専門分野ごとのセキュリティ知識を問うものが多い	●民間資格 ●上位資格（ドットコムマスターアドバンス）も存在する
URL	https://www.jitec.ipa.go.jp/sg/	https://www.jitec.ipa.go.jp/1_04hanni_sukiru/_index_hanni_skill.html	http://www.ntt.com/business/services/application/content-video-delivery/com-master/grade/basic.html

関連用語 IPA ▶ p.180　CISO ▶ p.71

09 内閣サイバーセキュリティセンター

内閣サイバーセキュリティセンター（**NISC**（エヌアイエスシー））は、日本国のサイバーセキュリティ戦略に関する総合調整を行いつつ、「自由・公正かつ安全なサイバー空間」の創出に向けた、さまざまな活動を行う政府機関です。「**サイバーセキュリティ戦略本部**」（サイバーセキュリティ基本法（p.170）の定めに従って設置された機関）と同じタイミングで、内閣官房内に設置されました。ちなみに、同じ略称（NISC）の「**内閣官房情報セキュリティセンター**」は、内閣サイバーセキュリティセンターの前身となります。

なお、**サイバーセキュリティ戦略本部長**には、サイバーセキュリティ基本法によって、**内閣官房長官**が就任することが定められており、また、**内閣サイバーセキュリティセンターのセンター長**には、**内閣官房副長官補**が就任することが政令で定められています。

● NISCがやることは「戦略策定」「情報収集」「分析」「対策」

内閣サイバーセキュリティセンター（NISC）は内閣官房内に設置されています。これは、**内閣サイバーセキュリティセンターが省庁を横断するような事項を扱うことを意味します**。実際に行う業務は「戦略策定」「情報収集」「分析」「対策」の４つに大別できます。

- **戦略策定**：「基本戦略グループ」がサイバーセキュリティ政策や戦略の各種計画立案を行い、「国際戦略グループ」が国際連携の窓口機能を担う
- **情報収集**：「情報統括グループ」がサイバー攻撃などの最新動向を収集する。GSOC（政府機関情報セキュリティ横断監視・即応調整チーム）の運用も行う
- **分　　析**：「事案対処分析グループ」が実際の攻撃事案や、攻撃に使われた不正プログラムなどの分析を行う
- **対　　策**：「政府機関総合対策グループ」が政府統一基準などの策定・運用・監査を行い、「重要インフラグループ」が、重要インフラ行動計画に基づき対策の官民連携を行う

プラス１　NISCは、日本の政府機関を代表するCSIRTとしての側面も持ちます。日本の政府機関を代表するということで、こちらもナショナルCSIRTといえます。

イメージでつかもう！

内閣サイバーセキュリティセンター（NISC）の体制図

内閣サイバーセキュリティセンター（NISC）の組織体制は以下のようになっています。
NISC が行うことは、「戦略策定」「情報収集」「分析」「対策」の 4 つです。

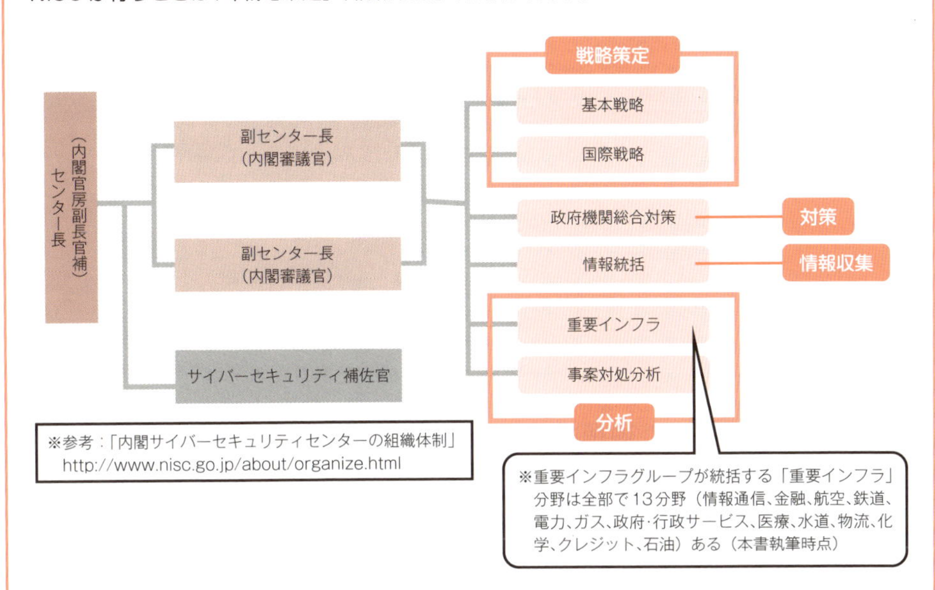

GSOC (Government Security Operation Coordination team) の運用

内閣サイバーセキュリティセンターの情報統括グループでは、政府機関の情報セキュリティを横断的に監視する GSOC を運用しています。

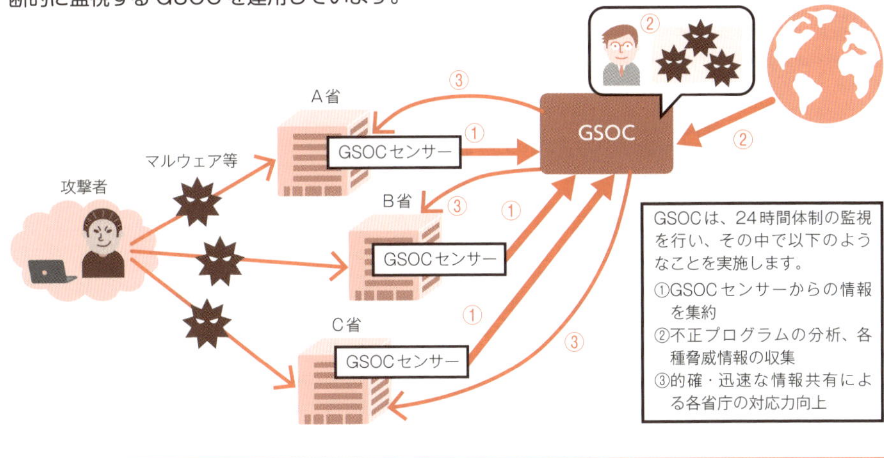

関連用語 サイバーセキュリティ基本法 ▶ P.170

10 日本シーサート協議会と FIRST

CSIRT は連携することで強みを発揮する

本書第 2 章の CSIRT の説明で「**専門的な知見と適切な他者とのインタフェースをもって対応するチーム**」と書きましたが（p.70）、この場合の「適切な他者」は、他の CSIRT である可能性もあります。

適切な連携を行うことで、単独の CSIRT では対処が困難な事象であっても、対処を行えるようなケースはよくありますし、逆に、適切に機能する CSIRT がないと、たとえば情報保護の観点から連携が難しいようなケースも出てきています。

日本国内の CSIRT 連携のための枠組み

日本シーサート協議会（日本コンピュータセキュリティインシデント対応チーム協議会）は、**日本国内の CSIRT が連携するための枠組みの 1 つ**です。日本国内に存在する JPCERT コーディネーションセンター（JPCERT/CC）、Hitachi Incident Response Team（HIRT）、NTT-CERT など著名な CSIRT の多くは、日本シーサート協議会に加盟しています。昨今の CSIRT 設立ラッシュを受けて、加盟チーム数は増大しており、2020 年 8 月の時点で **400 チーム**が加盟しています。

また、日本シーサート協議会は、これから CSIRT を設立しようとしている企業などに対する設立支援も積極的に実施しています。

世界の CSIRT 連携のための枠組み

FIRST（Forum of Incident Response and Security Team）は、**世界各国に存在する CSIRT の連携のための枠組み**です。世界各国の著名な CSIRT や、国を代表する立場の CSIRT（**ナショナル CSIRT**）は、FIRST に加盟しています。2020 年 8 月の時点で 96 の国と地域から **539 チーム**が加盟しています。

FIRST は、加盟しているチームの支援だけでなく、これから CSIRT を立ち上げようとしている国に対するサポートも積極的に行っています。

プラス 1 日本国内では日本シーサート協議会が日本の CSIRT のハブ的役割を持ちますが、ヨーロッパでも TF-CSIRT と呼ばれる団体が、ヨーロッパ内の CSIRT の連携促進に取り組んでいます。

イメージでつかもう！

● 他事業者とのCSIRTの連携

コンピューターセキュリティインシデントの攻撃は高度化・多量化の傾向があり、単独のCSIRTでは迅速な対応が厳しい状況となっています。他事業者のCSIRTとの緊密な連携を図り、最新の脆弱性情報・攻撃予兆情報を共有することが必要です。

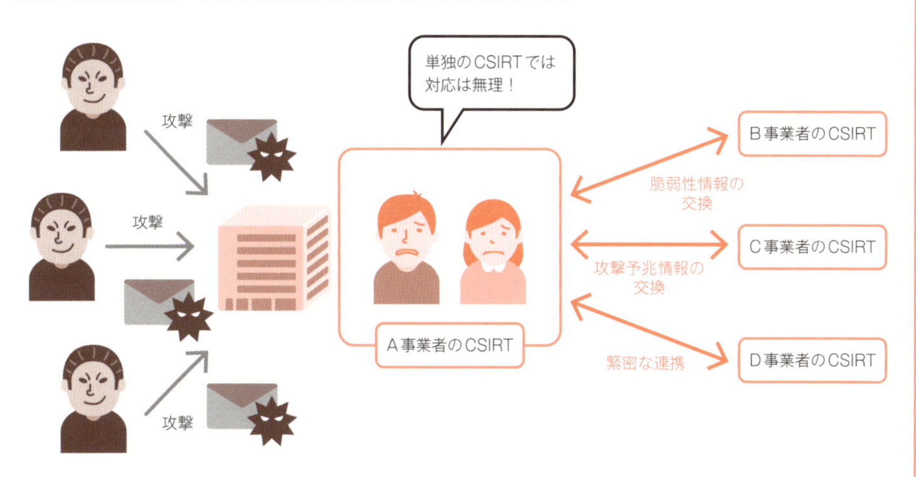

● 日本シーサート協議会とFIRST

多くのCSIRTが互いに協力する枠組みとして、日本国内では日本シーサート協議会が、世界全体ではFIRSTが運営されており、定期的なセミナーが開催されるなど積極的な活動がなされています。

	日本国内	世界
正式名称	日本コンピュータセキュリティインシデント対応チーム協議会	Forum of Incident Response and Security Team
略称	日本シーサート協議会、またはNCA	FIRST
加盟チーム数（2020年8月時点）	400チーム	539チーム（96の国と地域より）
加盟条件	加盟1年以上経過している1チームから推薦を受け、審査に合格する	2チームから推薦を受け、審査に合格する必要がある
活動内容の例	CSIRTの構築・運用に必要な知見の集約と公開 例：CSIRT人材の定義 各種脅威情報の共有 トレーニングの企画運営を通じたCSIRT人材の育成	CSIRTの構築・運用に必要な知見の集約と公開 例：CSIRTに関する各種事項の標準化 新興国に対するCSIRTの設立支援
Webサイト	http://www.nca.gr.jp/	http://www.first.org/

関連用語　インシデント ▶ p.32　CSIRT ▶ p.70

A～H

I～O

P～S

T～W

あ行

か行

さ行

た～な行

は行

ま～わ行

●みやもと くにお(宮本 久仁男)
(株)NTTデータ セキュリティ技術部 情報セキュリティ推進室所属。
NTTデータにて分散オペレーティングシステムの研究開発と維持管理、メディアサーバ性能評価、Web-DBシステムの運用管理に関する研究開発、Lightweight LanguageによるWebアプリケーション開発フレームワークの試作、技術支援、技術調査、情報セキュリティマネジメント業務および研究開発を経て、現在はCSIRT業務に従事。セキュリティ関連のことは、仕事よりも先に趣味で手掛け始め、今に至る。

2011年3月 情報セキュリティ大学院大学 博士後期課程修了。博士(情報学)
2014年3月 技術士(情報工学部門)登録

2004年から、若手情報セキュリティ人材の発掘・育成事業であるセキュリティ・キャンプに講師として参画。2011年から2014年に講師WGリーダーを、2015年から2017年まで企画・実行委員長をつとめる。
2008年から2013年までU-20プログラミング・コンテストの、2015年から2017年までU-22プログラミング・コンテストの審査委員をつとめる。
2012年から、日本におけるセキュリティ競技セキュリティ・コンテスト(SECCON)の企画・運営を行う実行委員をつとめる。2004年に、Microsoft MVP (Windows - Security) を受賞。以降2018年(Cloud and Datacenter Management)まで継続して受賞。雑誌、Webメディアへの寄稿は多数。

●大久保 隆夫(おおくぼ たかお)
情報セキュリティ大学院大学教授。
1991年東京工業大学物理情報工学専攻修了。同年株式会社富士通研究所に入社。リバースエンジニアリング、分散開発環境、アプリケーションセキュリティの研究に従事。2006年、情報セキュリティ大学院大学入学、2009年同修了。博士(情報学)。2013年より本学准教授。2014年より同教授。情報処理学会コンピュータセキュリティ研究会専門委員。電子情報通信学会会員、日本ソフトウェア科学会会員、IEEE CS会員。Aviation Security研究会幹事、脅威分析研究会幹事、ドローンセキュリティ研究会主査、国際会議MW2SP2016オーガナイザー、SEのためのセキュリティ教育検討委員会主査、「東京オリンピック・パラリンピックに向けた交通機関へのサイバーテロ対策に関する調査研究」検討委員会委員・航空ワーキンググループ主査。

イラスト図解式(ずかいしき)
この一冊(いっさつ)で全部(ぜんぶ)わかるセキュリティの基本(きほん)

2017年 9月 8日 初版第1刷発行
2021年 1月 29日 初版第8刷発行
著 者 …………… みやもと くにお 大久保 隆夫(おおくぼ たかお)
発行者 …………… 小川 淳
発行所 …………… SBクリエイティブ株式会社
〒106-0032 東京都港区六本木2-4-5
http://www.sbcr.jp/
印 刷 …………… 株式会社シナノ

カバーデザイン ……… 米倉 英弘(株式会社 細山田デザイン事務所)
イラスト…………… ふかざわ あゆみ
制 作 …………… 株式会社トップスタジオ

落丁本、乱丁本は小社営業部(03-5549-1201)にてお取り替えいたします。
定価はカバーに記載されております。

Printed in Japan ISBN978-4-7973-8880-0